# ALLGEMEINBILDUNG

# Erde und Weltall

## IN FRAGE UND ANTWORT

Dieter R. Pawelczak

Sonderausgabe

2001 Trautwein Lexikon-Edition
Genehmigte Sonderausgabe
© Compact Verlag München

Alle Rechte vorbehalten. Nachdruck, auch auszugsweise, nur mit ausdrücklicher Genehmigung des Verlages gestattet.

Chefredaktion: Ilse Hell
Redaktion: Stefan Klein, Dr. Matthias Feldbaum, Esther Haffner
Redaktionsassistenz: Fabian Riedl

Produktion: Martina Baur, Claudia Schmid
Titelabbildung: Gruppo Editoriale Fabbri, Mailand; MEV
Umschlaggestaltung und Fotomontage: agenten.und.freunde, München

Besuchen Sie uns im Internet www.compactverlag.de

ISBN 3-8174-5422-8
5454221

# Erde und Weltall
## *Fragen*

**1. Auf welches "Kap" trifft man, wenn man den Süden Südamerikas bereist?**

   a) Auf das Kap der Guten Hoffnung
   b) Auf das Kap Hoorn
   c) Auf das Kap Blanc

**2. Wie heißt die Stadt, bei der die Elbe in die Nordsee mündet?**

   a) Bremen
   b) Bremerhaven
   c) Cuxhaven

**3. Welcher der folgenden drei Apollo-Astronauten betrat nicht den Mond?**

   a) Neil Armstrong
   b) Mike Collins
   c) Edwin Aldrin

**4. Wo muss man hinreisen, will man das größte Land Amerikas sehen?**

   a) In die USA
   b) Nach Brasilien
   c) Nach Kanada

**5. Welcher Kalender findet noch heute Anwendung?**

   a) Der Julianische
   b) Der Gregorianische
   c) Der Ägyptische

# Erde und Weltall
## *Antworten*

**1 b** Im Süden Südamerikas kann man nur auf das **Kap Hoorn** stoßen, allerdings auch nicht auf dem Festland, sondern nur auf der **Insel Hornos** im Feuerland-Archipel, dessen Südspitze es bildet. Das Kap Hoorn wurde 1616 von dem Niederländer W. C. Schouten entdeckt und trägt seither den Namen seiner Heimatstadt Hoorn. Das **Kap der Guten Hoffnung** befindet sich am südwestlichen Ende Afrikas und das **Kap Blanc** ist eine Landzunge an der nordwestlichen Küste Afrikas.

**2 c** Die **Elbe** mündet bei **Cuxhaven** in die **Nordsee**. Die niedersächsische Hafenstadt Cuxhaven mit ca. 55.100 Einwohnern ist seit 1964 staatlich anerkanntes Seebad. Berühmt ist sie wohl nicht nur wegen ihrer zahlreichen schönen Badestrände, sondern auch wegen ihres bekannten Bollwerks „Alte Liebe".

**3 b** **Mike Collins** blieb am 21. Juli 1969 alleine in der Komandokapsel **Columbia** und umkreiste den Mond, während seine Kollegen **Neil Armstrong** und **Edwin Aldrin** mit der Mondlandefähre Eagle auf dem Mond landeten. Collins koordinierte die Ankopplung und Trennung der Mondlandefähre von dem Mutterschiff aus.

**4 c** In den Norden Amerikas, nämlich nach **Kanada**. Dieser Staat, dessen Name aus einer Indianersprache stammt und übersetzt „Dorf" heißt, ist mit seinen rund 9.970.610 Quadratkilometer Landesfläche nicht nur das größte Land Amerikas, sondern auch das zweitgrößte der Erde. Nach Kanada folgen gleich die **USA**. Das drittgrößte Land Amerikas ist **Brasilien**.

**5 b** **Papst Gregor XIII.** verbesserte das System der **Schaltjahre**. Der nach ihm benannte **gregorianische Kalender** wird noch heute von uns angewendet. So fällt der **Schalttag** bei den durch 100 teilbaren Jahren weg, ausgenommen der Jahre, die durch 400 teilbar sind. Um der entstandenen Abweichung vom **Sonnenjahr** entgegenzuwirken, verfügte Papst Gregor, dass auf den 4. Oktober 1582 bereits der 15. Oktober folgte. Bereits die alten Ägypter richteten ihren Kalender nach der Sonne und fügten alle vier Jahre einen Schalttag ein. **Julius Cäsar** führte 46 v. Chr. den **julianischen Kalender** ein, der den bisher im römischen Reich geltenden **Mondkalender** ablöste und bis Papst Gregor der geltende Kalender war.

# Erde und Weltall
## *Fragen*

**1. Um welchen Planeten kreist der Mond Europa?**

    a) Jupiter
    b) Saturn
    c) Mars

**2. Wie heißt der höchste Gipfel der Alpen?**

    a) Zugspitze
    b) Matterhorn
    c) Montblanc

**3. Wer entdeckte als Erster auf fotografischem Weg einen Planetenbegleiter?**

    a) Edward Emerson Barnard
    b) Asaph Hall
    c) William Henry Pickering

**4. Was sieht der Mann im Mond, wenn er auf die Erde schaut?**

    a) Die Gegenwart
    b) Die Zukunft
    c) Die Vergangenheit

**5. Wie kann man den nördlichen Wendekreis der Himmelssphäre noch nennen?**

    a) Wendekreis des Steinbocks
    b) Wendekreis des Wassermanns
    c) Wendekreis des Krebses

# Erde und Weltall
## *Antworten*

**1a** **Europa** ist einer der 16 Monde des **Jupiters**. Er gehört mit **Io**, **Ganymed** und **Kallisto** zu den vier größten Monden Jupiters. **Galileo Galilei** (1564–1642) entdeckte diese Monde bereits 1610. Sie werden daher auch als Galileische Monde bezeichnet. Europa unterscheidet sich in seiner Größe kaum von unserem Erdtrabanten. Allerdings ist seine Oberfläche mit Eis überzogen und extrem glatt. Daher ist seine Reflexionskraft etwa zehnmal stärker als die unseres Mondes.

**2c** Die Berggruppe des **Montblanc** erreicht mit ihrem höchsten Gipfel 4807 Meter. Dies ist der höchste Gipfel der Alpen. Er wurde von J. Balmat und M.-G. Paccard 1786 zum ersten Mal bestiegen. Das **Matterhorn** ist immerhin 4478 Meter hoch. Die **Zugspitze** ist zwar der höchste Berg der deutschen Alpen, allerdings ist sie mit 2962 Metern Höhe vergleichsweise klein.

**3c** **William Henry Pickering** (1858–1938). Er entdeckte 1899 den Saturnbegleiter **Phoebe** – und zwar mit Hilfe der Fotografie. Dies war das erste Mal, dass ein Planetenmond auf diese Weise entdeckt wurde. Sowohl **Edward Emerson Barnards** (1857–1923) Entdeckung des Jupitermondes **Amalthea** 1892 als auch die Entdeckung der beiden Marsmonde **Deimos** und **Phobos** 1877, die **Asaph Hall** (1829–1907) gelang, erfolgten noch rein visuell, d.h. ohne fotografische Hilfe.

**4c** Der Mond ist ca. 384.000 km von der Erde entfernt. Da sich das Licht mit etwa 300.000 km pro Sekunde bewegt, braucht es 1,3 Sekunden um zum Mond zu gelangen. Alles, was ein Beobachter vom Mond aus auf der Erde sieht, ist also bereits 1,3 Sekunden alt. Würde ein Astronaut von dem 4,28 Lichtjahre entfernten Stern **Alpha Centaurus** auf die Erde schauen, so würde er 4,28 Jahre in die Vergangenheit blicken.

**5c** Der nördliche Wendekreis der Himmelssphäre ist nicht nur unter dem Namen „nördlicher Wendekreis" bekannt, sondern auch unter dem Namen **„Wendekreis des Krebses"**. Ebenso kennt man den südlichen Wendekreis noch unter dem Namen **„Wendekreis des Steinbocks"**.

# Erde und Weltall

## *Fragen*

**1. Welcher deutsche Wissenschaftler war am Apollo-Programm der NASA beteiligt?**

   a) Karl Ferdinand Braun
   b) Wernher von Braun
   c) Carl Friedrich Benz

**2. In welcher Mondphase kommt es zur Sonnenfinsternis?**

   a) Bei Neumond
   b) Bei Vollmond
   c) Eine Sonnenfinsternis ist unabhängig von der Mondphase

**3. Gehen unsere Uhren anders, wenn wir mit einem Flugzeug fliegen?**

   a) Nein, sie gehen gleich
   b) Sie gehen schneller
   c) Sie gehen auf einem Flug Richtung Westen vor und Richtung Osten nach

**4. Wann startete der erste Mensch in den Weltraum?**

   a) 1957
   b) 1961
   c) 1962

**5. Wo liegt die tiefste Stelle unserer Meere?**

   a) Im Atlantischen Ozean
   b) Im Indischen Ozean
   c) Im Pazifischen Ozean

# Erde und Weltall
## *Antworten*

**1 b** **Wernher von Braun** (1912–77) leitete während des Zweiten Weltkriegs bereits die Entwicklung der V2-Rakete. Unmittelbar nach dem Zweiten Weltkrieg wurde er von den Amerikanern rekrutiert. Er wurde unter anderem mit der Konstruktion der Saturn-Rakete beauftragt, die im Apollo-Programm zum Einsatz kam. **Karl Ferdinand Braun** (1850–1918) erfand die braunsche Röhre (Vorgänger der Fernsehröhre). **Carl Friedrich Benz** (1844–1929) war einer der Begründer der deutschen Automobil-Industrie.

**2 c** Bei einer **Sonnenfinsternis (SoFi)** steht der Mond zwischen Sonne und Erde, sodass der Schatten des Mondes auf die Erde fällt. Dieser Schatten wandert über die Erde und bewirkt, dass die Sonne in diesen Gebieten abgedunkelt wird. Bei einer totalen Sonnenfinsternis deckt der Mond die Sonne vollständig ab und damit ist nur noch die Korona der Sonne sichtbar. Diese Konstellation kann nur bei **Neumond** erfolgen, da hier der Mond zwischen Erde und Sonne steht.

**3 c** Tatsächlich gehen unsere Uhren auf einem Flug Richtung Westen etwas vor und auf einem Flug Richtung Osten nach. Der Grund liegt in der durch die hohe Geschwindigkeit des Flugzeugs erzeugten **Zeitdilatation**. Zwar fliegt das Flugzeug deutlich langsamer als die Lichtgeschwindigkeit, mit heutigen Messinstrumenten ist die Zeitdilatation aber nachweisbar (sie liegt im Bereich von einigen Milliardstel Sekunden). Aufgrund der Erdumdrehung ergibt sich der Zeitunterschied zwischen Reisen in den Osten oder Westen.

**4 b** Am 12. April **1961** schoss die ehemalige Sowjetunion den russischen Kosmonauten **Juri Alexejewitsch Gagarin** auf eine Umlaufbahn um die Erde. Ein Jahr später schafften die Amerikaner den ersten bemannten Raumflug mit **John Glenn**. So wie die Russen mit dem ersten Satelliten **Sputnik** den Amerikanern voraus waren, so hatten sie auch bei dem ersten bemannten Raumflug die Nase vorn.

**5 c** Die tiefsten Stellen unseres Meeres liegen im Pazifischen Ozean. Der **Marianengraben** ist ca. 11.000 Meter tief. Solche Tiefseegräben finden sich auch in den anderen Ozeanen: Der **Sundagraben** im Indischen Ozean ist etwa 7500 Meter und der **Puerto-Rico-Graben** im Atlantischen Ozean rund 9200 Meter tief.

# Erde und Weltall
## *Fragen*

**1. Das europäische und das asiatische Russland werden von einem Gebirgszug getrennt – von welchem?**

   a) Pyrenäen
   b) Ural
   c) Großer Kaukasus

**2. Die türkische Stadt Istanbul wird durch eine Meerenge in zwei Teile geteilt – von welcher?**

   a) Dardanellen
   b) Seychellen
   c) Bosporus

**3. Was kennzeichnet Sonnenflecken?**

   a) Regionen deutlich niedrigerer Temperatur
   b) Besonders heiße Regionen
   c) Besonders schwache Magnetfelder

**4. Was versteht man unter dem kopernikanischen Weltsystem?**

   a) Die Erde als flache Scheibe
   b) Die Erde im Mittelpunkt des Sonnensystems
   c) Die Sonne im Mittelpunkt des Sonnensystems

**5. Welcher Planet unseres Sonnensystems ist am weitesten von der Sonne entfernt?**

   a) Uranus
   b) Pluto
   c) Neptun

# Erde und Weltall
## *Antworten*

**1 b** Vom **Ural**. Mit einer Länge von bis zu 2000 und einer Breite von 40 bis zu 150 Kilometern wird das Mittelgebirge in Russland, das sich vom Karasee nach Süden hin erstreckt, gemeinhin als Teil-Grenze zwischen Europa und Asien betrachtet. Man unterteilt den Gebirgszug in mehrere Stücke: den Polaren, Subpolaren, Nördlichen, Mittleren und Südlichen Ural. Die **Pyrenäen** befinden sich im Südwesten Europas zwischen Frankreich und Spanien und der **Große Kaukasus** zwischen Schwarzem und Kaspischem Meer.

**2 c** Es ist der **Bosporus**, der **Istanbul** in zwei Teile zerschneidet. Diese Meerenge zwischen Asien und Europa verbindet das **Marmarameer** mit dem **Schwarzen Meer**. Istanbul befindet sich auf beiden Uferseiten seines Südausgangs. Zwei gewaltige Hängebrücken mit einer Spannweite von 1570 und 1090 Metern verbinden beide Ufer miteinander. So kann auch der kleinasiatische Stadtteil Üsküdar bequem vom europäischen Teil Istanbuls erreicht werden.

**3 a** Sonnenflecken sind **Regionen deutlich niedrigerer Temperatur**. So wird im Bereich eines Sonnenflecks eine etwa 2000 Grad niedrigere Temperatur gegenüber der übrigen Photosphäre gemessen. Außerdem stellen Sonnenflecken die **Polstellen** starker Magnetfelder dar. Ähnlich wie bei einem Stabmagnet treten Sonnenflecken in bipolaren Gruppen auf: Je eine Gruppe verhält sich wie ein magnetischer Nord-, die andere wie ein magnetischer Südpol. Ihre Häufigkeit variiert in einem elfjährigen Zyklus.

**4 c** Im **kopernikanischen Weltsystem** steht die Sonne im Mittelpunkt unseres Sonnensystems. Allerdings war **Nikolaus Kopernikus** (1473–1543) nicht der erste Anhänger dieser Theorie. Bereits Aristarch (ca. 310–230 v. Chr.) glaubte, dass die Erde nicht den Mittelpunkt unseres Sonnensystems bestimme, sondern um die Sonne kreise.

**5 b** **Pluto** ist mit einer mittleren Entfernung von ca. 5900 Millionen Kilometern am weitesten von der Sonne entfernt. Allerdings kreuzt sich die Bahn von Pluto aufgrund ihrer **Exzentrizität** mit der Bahn von **Neptun**, sodass zeitweise Neptun mit einer mittleren Entfernung von ca. 4500 Millionen Kilometern der äußerste Planet unseres Sonnensystems ist. Pluto wurde 1930 erstmals von **Clyde Tombaugh** entdeckt.

# Erde und Weltall
## *Fragen*

**1. Wie heißt die Hauptstadt des Libanon?**

   a) Ankara
   b) Beirut
   c) Amman

**2. Welche der folgenden Ländergruppen enthält ein Land, das nicht an der Donau liegt?**

   a) Deutschland, Schweiz, Serbien
   b) Slowakei, Österreich, Ungarn, Kroatien
   c) Rumänien, Bulgarien, Ukraine

**3. Welcher griechische Mathematiker berechnete bereits in der Antike den Umfang der Erde?**

   a) Eratosthenes
   b) Pythagoras
   c) Aristoteles

**4. Wie hoch können Ballone fliegen?**

   a) 500 Meter
   b) 10 Kilometer
   c) 30 Kilometer

**5. Um was geht es bei einer Supernova?**

   a) Um die Geburt eines Sterns
   b) Um den Tod eines Sterns
   c) Um die Geburt eines Gasplaneten

# Erde und Weltall
## *Antworten*

**1b** Die Hauptstadt des **Libanon** ist **Beirut**. Diese ehemalige, wirtschaftlich florierende Seestadt der Phönizier, damals unter dem Namen **Berytos** bekannt, hatte sich auch in der Neuzeit als Überseehafen zu einer der wirtschaftlich bedeutendsten Städte Vorderasiens herausentwickelt. Allerdings brachte dann der Bürgerkrieg, der rund 15 Jahre zwischen 1975 und 1991 im Libanon wütete, dieser reichen Stadt einen wirtschaftlichen Stillstand. **Ankara** ist die Hauptstadt der **Türkei** und **Amman** die von **Jordanien**.

**2a** Die erste Ländergruppe. Die **Schweiz** ist kein Anliegerstaat der **Donau**. Die Donau entspringt im **Schwarzwald**, Deutschland, und mündet nach 2850 Kilometern Flusslauf schließlich ins **Schwarze Meer**. Auf dieser weiten Strecke durchquert sie neun Staaten, nämlich Deutschland, Österreich, die Slowakei, Ungarn, Serbien, Kroatien, Rumänien, Bulgarien und die Ukraine.

**3a** Seit dem 6. Jahrhundert v. Chr. war den griechischen Philosophen die Kugelgestalt der Erde bekannt. **Eratosthenes** (290–214 v. Chr.) berechnete als Erster mit einer interessanten Methode den Umfang der Erde: Er erkannte, dass die Sonne in der oberägyptischen Stadt **Syene** (heutiges **Assuan**) an einem bestimmten Tag im Jahr mittags senkrecht über einem Brunnen steht. Zur gleichen Zeit stand sie allerdings um ein Fünfzigstel eines Vollkreises tiefer über **Alexandria**. Daraus errechnete Eratosthenes den Erdumfang als 50-mal der Entfernung Syene zu Alexandria, was mit ca. 40.000 Kilometern den Erdumfang nach heutiger Berechnung ziemlich genau getroffen hat.

**4c** Spezielle Ballons können über 30 Kilometer hoch fliegen. Da sie bis in die Stratosphäre steigen, werden sie auch **Stratosphärenballons** genannt. Linienflugzeuge erreichen nur eine Flughöhe von ca. 10 Kilometern.

**5b** Obwohl das lateinische „novus" die Bedeutung „neu" hat, handelt es sich bei einer **Supernova** nicht um die Entstehung eines neuen Sterns oder eines neuen Gasplaneten, sondern um den Tod eines Sterns, der sich in einer gewaltigen Explosion vollzieht.

# Erde und Weltall
## *Fragen*

**1. Was für ein Sterntyp ist unsere Sonne?**

   a) Ein weißer Riese
   b) Ein gelber Zwerg
   c) Ein roter Riese

**2. Welcher Astronom war einer der Ersten, der die Behauptung aufstellte, dass die Erde sich um die Sonne herum bewegt und nicht den ruhenden Mittelpunkt des Weltalls darstellt?**

   a) Thales von Milet
   b) Aristarch
   c) Hipparch

**3. Woher stammte Marco Polo?**

   a) Venedig
   b) Madrid
   c) Peking

**4. Wo liegt Mekka?**

   a) Am Roten Meer
   b) Am Schwarzen Meer
   c) Am Arabischen Meer

**5. San Marino ist ...**

   a) ... eine italienische Kleinstadt
   b) ... eine Insel in der Adria
   c) ... ein eigener Staat in Italien

# Erde und Weltall
## *Antworten*

**1b** Unsere Sonne ist ein **gelber Zwerg**. Sterne werden aufgrund ihrer Leuchtkraft und Farbe klassifiziert. Leuchtkräftige Sterne nennt man **Riesen**, schwach leuchtende **Zwerge**. Man unterscheidet zwischen roten und blauen Riesen und weißen, gelben, braunen und schwarzen Zwergen. Die Farbe eines Sterns ist durch seine Oberflächentemperatur festgelegt, die bei unserer Sonne bei etwa 6000 Grad liegt.

**2b** **Aristarch**. Er hatte damit schon Jahrhunderte vor Christus das kopernikanische System vorausgesagt. Auch war es Aristarch (ca. 310–230 v. Chr.), der mit als Erster davon überzeugt war, dass sich die Erde um ihre eigene Achse dreht. Doch seine Behauptungen fanden damals wenig Unterstützung und Anhänger, wohl auch deshalb, weil es ihm noch an augenscheinlichen und überzeugenden Beweisen mangelte. Für **Thales von Milet** (ca. 624–547 v. Chr.) war die Erde noch eine auf Wasser schwimmende Scheibe und Hipparch (ca. 190–125 v. Chr.) vertrat noch fest die Theorie, dass die Erde den Mittelpunkt des Planetensystems bildet.

**3a** **Marco Polo** (1254–1324) stammte aus Venedig. Er wurde berühmt durch seine Asienreisen. Sein Vater Nicolo knüpfte bereits Handelsbeziehungen mit **China**. Dadurch gelangte Marco Polo mit 18 Jahren an den Hof des chinesischen Kaisers **Kublai Khan**. Die nächsten 17 Jahre bereiste Marco Polo im Auftrag des Kaisers China. In genuesischer Gefangenschaft diktierte er einem Mitgefangenen seine Reiseberichte.

**4a** **Mekka** liegt in Saudi-Arabien, rund 64 Kilometer vom **Roten Meer** entfernt. Mekka ist die Geburtsstadt **Mohammeds**. Alljährlich kommen mehrere Millionen moslemische Pilger nach Mekka und mehrmals täglich richten mehrere Millionen gläubige Moslems ihr Gebet in Richtung dieser Stadt.

**5c** **San Marino** ist ein eigener Staat in **Italien**. San Marino wird erstmals in der Pippinischen Schenkung 754 erwähnt und erlangte Ende des 13. Jahrhunderts seine Unabhängigkeit. San Marino liegt auf der **Apenninhalbinsel** südwestlich von Rimini. Es ist eine parlamentarische Republik und hat eine eigene Verfassung. Die Wirtschaft ist geprägt durch Fremdenverkehr und den Verkauf von Briefmarken.

# Erde und Weltall
## *Fragen*

**1. Wo liegt Machu Piccu?**

    a) In Mexiko
    b) In Peru
    c) In Chile

**2. Wie heißt der Stern, der uns am nächsten ist?**

    a) Sirius
    b) Alpha Centauri
    c) Polarstern

**3. Wie viel Prozent der Erdoberfläche besteht aus Wasser?**

    a) 30 %
    b) 50 %
    c) 70 %

**4. Welchem Physiker und Astronomen gelang als Erstes die Zerlegung des Sonnenlichts mit Hilfe eines Prismas?**

    a) Isaac Newton
    b) Giovanni Domenico Cassini
    c) Johannes Kepler

**5. Wo findet man den borealen Nadelwaldgürtel?**

    a) Auf der Nordhalbkugel
    b) Auf der Südhalbkugel
    c) Am Äquator

# Erde und Weltall
## *Antworten*

**1b** Die berühmte Ruinenstadt **Machu Piccu** ist in den **peruanischen Anden** zu finden. Die einstige **Inkastadt** verfügt neben einer Sonnenuhr auch über ein Observatorium. Die ganze Stadt scheint an den Gestirnen ausgerichtet zu sein. Ein besonderes Rätsel stellt aber die Bauweise der Stadt dar: Die Mauern sind aus präzise geschlagenen Granitblöcken gebaut. Und das, obwohl die Inkas keine eisernen Werkzeuge kannten.

**2b** Der Stern **Alpha Centauri** ist mit 4,28 Lichtjahren der unserer Sonne am nächsten liegende Stern. Tatsächlich handelt es sich dabei um einen Dreifachstern: Alpha Centauri A, Alpha Centauri B und Proxima Centauri. Dabei ist Proxima Centauri die Komponente, die nur 4,28 Lichtjahre von der Sonne entfernt ist. **Sirius**, der hellste Stern des Winterhimmels im Sternbild „Großer Hund", ist ca. 8,7 Lichtjahre entfernt. Der Polarstern sogar über 300 Lichtjahre.

**3c** Die Oberfläche unserer Erde besteht aus ca. **70 % Wasserfläche** und **30 % Landfläche**. Das sind bei einer Gesamtoberfläche von etwa 510 Millionen Quadratkilometern ca. 361 Millionen Quadratkilometer Wasserfläche und rund 149 Millionen Quadratkilometer Landfläche.

**4a** Es war **Isaac Newton** (1643–1727), dem es als Erster gelang, die Zusammensetzung von Sonnenlicht aus den Spektralfarben nachzuweisen. Berühmt wurde er vor allem durch seine drei **Bewegungsgesetze der Mechanik** und seine **Gravitationstheorie**, womit er nicht nur die Planetenbewegung um die Sonne und die Ebbe-und-Flut-Wirkungen erklärte, sondern auch die Planetenmassen bestimmen konnte. Weniger bekannt sind seine alchimistischen Bemühungen. **Cassini** (1625–1712) kennt man vor allem wegen seiner Entdeckung der Hauptteilung zwischen den Saturnringen (**Cassinische Teilung**) und **Kepler** (1571–1630) für die drei Gesetze der **Planetenbewegung**.

**5a** Sucht man den **borealen Nadelwaldgürtel**, muss man sich tief in den Norden in die **kaltgemäßigte Klimazone** begeben. Gleich an die Arktis angrenzend, wo die Winter kalt und lang sind, findet man diesen Nadelwaldgürtel auf der Nordhalbkugel der Erde.

# Erde und Weltall
## *Fragen*

**1. Wie bezeichnet man die übermäßige Abtragung von Boden durch Wind und Wasser?**

   a) Bodenerosion
   b) Bodengare
   c) Bodenfräse

**2. Welches Monument gehört nicht zu den Sieben Weltwundern?**

   a) Der Artemis-Tempel in Ephesus
   b) Das Mausoleum in Halikarnassos
   c) Der Turm von Babel

**3. Was versteht man unter der siderischen Umlaufzeit?**

   a) Die auf die Sterne bezogene Umlaufzeit
   b) Die auf die Sonne bezogene Umlaufzeit
   c) Die auf den Mond bezogene Umlaufzeit

**4. Desertifikation bezeichnet ...**

   a) ... die Landflucht
   b) ... das Aussterben einer geschützten Tierart
   c) ... das Vordringen der Wüste in andere Gebiete

**5. In welchem Land trifft man nicht auf Karst?**

   a) In Italien
   b) In Slowenien
   c) In Frankreich

# Erde und Weltall
## *Antworten*

**1a** Die über das natürliche Maß hinausgehende Bodenabtragung, die Wind und Wasser tätigen, nennt man **Bodenerosion**. Ursache für diese Abtragung, die bis zur kompletten Zerstörung und **Versteppung** der Böden führen kann, ist in den meisten Fällen der Mensch: Mit der Absicht, neue Anbaugebiete oder Weideflächen zu schaffen, beseitigt er die natürliche, den Boden vor Erosion schützende Vegetation.

**2c** Der **Turm zu Babel** gehört nicht zu den **Sieben Weltwundern**. Der phönizische Dichter Antipatros beschrieb im 2. Jahrhundert v. Chr. in seinem Werk „Die Sieben Weltwunder" nur Monumente, die zu seiner Zeit noch unversehrt waren. Der biblische Turm von Babel war zu dieser Zeit bereits zerstört. Von den Sieben Weltwundern sind nur noch die **Pyramiden von Giseh** zu bewundern. Die Übrigen blieben nicht erhalten: Die hängenden Gärten von Semiramis, die Zeus-Statue des Phidias in Olympia, der Artemis-Tempel in Ephesus, das Mausoleum in Halikarnassos, der Koloss von Rhodos und der Leuchtturm Pharos von Alexandria.

**3a** Die **siderische Umlaufzeit** bezieht sich auf die Sterne. Würden wir einen bestimmten Stern mehrere Tage hintereinander beobachten, so würden wir feststellen, dass dieser jede Nacht etwa vier Minuten früher auf- bzw. untergeht. Neben der Rotation um ihre eigene Achse bewegt sich die Erde um die Sonne. Um also den gleichen Blickwinkel zu den Sternen zu erreichen, müssen wir die Bewegung der Erde mit einbeziehen. So dauert ein Tag auf der Erde von Sonnenaufgang zu Sonnenaufgang 24 Stunden, während wir die Sterne bereits nach 23 Stunden und 56 Minuten an ihrer gleichen Position wieder finden.

**4c** **Desertifikation** meint die Verbreitung der Wüste in angrenzende Gebiete. So sind zurzeit die Steppengebiete nördlich der Sahara massiv von der Desertifikation bedroht. Desertifikation kann durch den Menschen ausgelöst oder zumindest verstärkt werden, wie z. B. durch Maßnahmen wie die Rodung von Bäumen und Überweidung.

**5c** **Karst**, die unbewaldete **Kalkhochfläche** ist nicht in Frankreich anzutreffen. Man findet sie östlich vom Golf von Triest, nämlich in Slowenien, Italien und Kroatien.

# Erde und Weltall
## *Fragen*

**1. In welchem Sternbild finden wir den Polarstern?**

    a) Im Sternbild des Drachens
    b) Im Sternbild des Kleinen Wagens
    c) Im Sternbild des Großen Wagens

**2. In welchem Land liegt Monte Carlo?**

    a) Frankreich
    b) Italien
    c) Monaco

**3. Welche Höhe können Riesenmammutbäume erreichen?**

    a) Bis zu 55 Meter
    b) Bis zu 135 Meter
    c) Bis zu 205 Meter

**4. Welche Strecke legt Licht in einer Sekunde zurück?**

    a) 100.000 Kilometer
    b) 300.000 Kilometer
    c) 1 Million Kilometer

**5. Welches Ereignis erschütterte im Sommer 1994 den Planet Jupiter?**

    a) Ein Erdbeben
    b) Ein Vulkanausbruch
    c) Eine Kollision mit einem Kometen

# Erde und Weltall
## *Antworten*

**1 b** Der **Polarstern** befindet sich in der Deichsel des **Kleinen Wagens**. Er diente seit der Antike zur Orientierung in der Schifffahrt, da er mit nur einem Grad Abweichung direkt auf den nördlichen Himmelspol zeigt. Die **Sternbilder des Drachens** und des **Großen Wagens** liegen ebenfalls in der Umgebung des nördlichen Himmelspols. Oft wird das Sternbild des Großen Wagens als Ortungshilfe des Polarsterns genutzt.

**2 c** Die für ihre Spielkasinos berühmte Gemeinde **Monte Carlo** liegt in dem Fürstentum **Monaco**. Monaco ist ein eigenständiger Kleinstaat mit konstitutioneller Erbmonarchie. Der Küstenstaat Monaco ist von Frankreich umgeben. Rund ein Fünftel der Bevölkerung sind Monegassen, die über eine eigene Sprache verfügen. Die Amtssprache ist jedoch Französisch, so wie auch der Großteil der Einwohner Franzosen sind.

**3 b** **Riesenmammutbäume** können bis zu 135 Meter hoch werden. Antreffen kann man diese gewaltigen Lebewesen der Erde vor allem im westlichen Teil **Nordamerikas**. Beeindruckend ist nicht nur ihre gewaltige Höhe, sondern auch ihr säulenförmiger Stamm, der einen Durchmesser von bis zu zwölf Meter, annehmen kann. Diese Riesen sind auch mit einer hohen Lebenserwartung ausgestattet; sie können bis zu 4000 Jahre alt werden.

**4 b** Das Licht legt in der Sekunde ca. **300.000 Kilometer** zurück. Das entspricht etwa sieben Mal um die ganze Welt in einer Sekunde. Ein **Lichttag** entspricht 25.902 Millionen Kilometer, ein **Lichtjahr** 9461 Milliarden Kilometer. Man verwendet den Bezug zur Lichtgeschwindigkeit, um große Distanzen im Weltall einfacher auszudrücken. So ist zum Beispiel die Galaxie cB58 über 10 Milliarden Lichtjahre entfernt.

**5 c** Weder Erdbeben noch Vulkanausbrüche konnten bisher auf dem **Jupiter** beobachtet werden. Im Sommer 1994 kollidierte der Komet **Shoemaker-Levy 9** mit Jupiter. Der Komet schlug mit 216.000 Stundenkilometern auf Jupiter ein. Durch den Einschlag entstanden bis zu 3000 Kilometer große Feuersäulen, die von der Erde aus beobachtet werden konnten. **Caroline** und **Eugene Shoemaker** sowie **David Levy** hatten diesen Kometen im März 1993 entdeckt.

# Erde und Weltall
## *Fragen*

**1. Was findet man in der Eifel?**

   a) Maar
   b) Tundra
   c) Monsun

**2. Welche Technik nutzt man gerne bei weiten Flügen innerhalb unseres Sonnensystems?**

   a) Beamen
   b) Swing-By-Technik
   c) Photonenantrieb

**3. Wo findet man die längste Höhle der Erde?**

   a) In den USA
   b) In der Schweiz
   c) In der Ukraine

**4. Was ist die Astronomische Einheit (AE)?**

   a) Die Entfernung der Sonne von der Erde
   b) Ein Lichtjahr
   c) Die Lichtgeschwindigkeit

**5. Welche der folgenden Planetenmissionen war eine Marsmission?**

   a) Cassini
   b) Galileo
   c) Phobos 2

# Erde und Weltall
## *Antworten*

**1a** In der **Eifel** findet man **Maar**. Diese trichterartigen, kreisförmigen Vertiefungen in der Erdoberfläche stammen von vulkanischen Gasexplosionen. Sie sind meistens von einem lockeren Material wallförmig umgeben. Manchmal sind sie auch mit Wasser gefüllt. Die baumlose kalte Steppenlandschaft der **Tundra** ist nur in **polaren und subpolaren Zonen** anzutreffen und die mal warm-feuchten, mal kalt-trockenen Luftströmungen des **Monsuns** findet man vor allem im asiatischen Raum.

**2b** Die **Swing-By-Technik** nutzt die Gravitationskraft eines Planeten aus, um eine Raumsonde zu beschleunigen. Damit können extrem hohe Geschwindigkeiten der Raumsonden erreicht werden, ohne dafür Treibstoff aufwenden zu müssen. Allerdings erfordert diese Technik eine exakte Bahnberechnung der Sonde, da kleine Abweichungen beim Vorbeiflug am Planeten zu irreparablen Kursabweichungen führen können. Diese Technik wurde zuerst von der **Mariner-10-Sonde** auf ihrem Flug zum Merkur über die Venus angewendet. Beamen und Photonenantrieb gehören noch zur Science-Fiction.

**3a** Die längste Höhle der Erde findet man in den USA, nämlich das **„Mammoth Cave System"** in Kentucky. Dieser riesige Hohlraum im Gestein erreicht eine Länge von bis zu 560 Kilometern. Die zweitgrößte Höhle der Erde mit einer Länge von rund 183 Kilometern liegt in der Ukraine (**„Optimistitscheskaja peschtschera"**). Auch in der Schweiz und in Malaysia kann man Höhlen mit gewaltigem Ausmaß antreffen. Hier erreichen die Hohlräume Maximallängen von bis zu 156 Kilometern (**„Hölloch"**, Schweiz) und 102 Kilometern (**„Clearwater Cave"**, Malaysia).

**4a** Die **Astronomische Einheit (AE)** ist die mittlere Entfernung der Sonne von der Erde. Diese entspricht ca. 150 Millionen Kilometer. Der am weitesten von der Sonne entfernte Planet ist Pluto mit einer mittleren Entfernung von 39,4 AE, also 5900 Millionen Kilometern. Die Einheit AE erleichtert den Umgang mit großen Entfernungen in unserem Sonnensystem.

**5c** **Phobos 2** war eine russische **Marsmission**. **Cassini** wurde von den Amerikanern zur Erforschung des **Saturns** gestartet, **Galileo** wurde zum **Jupiter** geschickt.

# Erde und Weltall
## *Fragen*

**1. Wie viele Ringe hat der Saturn?**

    a) Zwei
    b) Sieben
    c) Tausende

**2. Wie alt ist unsere Sonne?**

    a) Beinahe fünf Milliarden Jahre
    b) Ca. zehn Milliarden Jahre
    c) Um die hundert Millionen Jahre

**3. Wo steht das höchste Hochhaus der Erde?**

    a) In New York
    b) In Chicago
    c) In Kuala Lumpur

**4. Die erste Frau im Weltraum war ...**

    a) ... Valentina W. Tereschkowa-Nikolajewa
    b) ... Tatjana Tolstaja
    c) ... Tatjana Troyanos

**5. Bei aridem Klima ist ...**

    a) ... die Verdunstung größer als der Niederschlag
    b) ... der Niederschlag größer als die Verdunstung
    c) ... Niederschlag und Verdunstung sind gleich groß

# Erde und Weltall
## *Antworten*

**1c** Tausende. Die sieben **Ringe des Saturns** werden nach ihrer zeitlichen Entdeckung mit A, B, C, D, E, F, G bezeichnet. Allerdings vereinbaren diese Ringe Tausende einzelner Ringe. So hat als Erstes die Raumsonde **Voyager 1** detaillierte Aufnahmen der Saturnringe gemacht. Die Ringe bestehen aus unzählbar vielen, von wenigen Millimetern bis einigen Metern großen Gesteinsbrocken. Die **Voyager-Sonde** entdeckte sogar zwischen den Hauptringen des Saturns noch weitere kleinere Ringe.

**2a** Das Alter unserer Sonne wird auf ca. **4,6 Milliarden Jahre** geschätzt. Für einen Stern wie unsere Sonne nimmt man eine Lebensdauer von ca. 10 Milliarden Jahren an. Dies ist die angenommene Zeit, in welcher sie dem ihr von der Gravitation drohenden Zusammenfall durch den Verbrauch ihrer Brennstoffreserven wehren kann. Mit ihren nahezu fünf Milliarden Jahren hat sie also schon etwa die Hälfte ihrer Reserven verbraucht, also ca. die Hälfte ihrer Lebenserwartung erreicht.

**3c** Das höchste Hochhaus der Erde befindet sich in **Kuala Lumpur** in Malaysia. Es ist das **Petronas-Gebäude**. Mit einer Höhe von 452 Metern überragt es seit 1995 den bis dahin höchsten Turm in **Chicago**, den **Sears Tower** mit 443 Metern Höhe. Doch auch der Petronas-Bau wird nicht lange das höchste Gebäude der Welt bleiben. Denn in Japan spielt man schon mit dem Gedanken, Häuser von bis zu 2 Kilometern Höhe zu erschaffen.

**4a** Die erste Frau, die an einer Raumfahrt teilnahm, war die russische Kosmonautin **Valentina W. Tereschkowa-Nikolajewa**. Genau drei Tage befand sich die 1937 in Maslennikowo geborene Pionierin im All, nämlich vom 16.6. bis 19.6.1963. In **Wostok 6** umkreiste sie 48-mal die Erde. Die Russin **Tatjana Tolstaja**, Enkelin des berühmten Schriftstellers **Alexei N. Tolstoi**, ist selber bekannte Schriftstellerin und **Tatjana Troyanos** ist eine bekannte amerikanische Opernsängerin.

**5a** **Arid** bedeutet dürr, trocken. **Arides Klima** zeichnet sich also dadurch aus, dass die Verdunstung stets größer ist als der Niederschlag. Bei aridem Klima haben wir es mit einem sehr trockenen Klima zu tun, das man vor allem in Steppengebieten antrifft.

# Erde und Weltall
## *Fragen*

**1. Wie heißt der kleinste Staat Europas?**

    a) San Marino
    b) Liechtenstein
    c) Vatikanstadt

**2. Um was für einen Nebeltyp handelt es sich bei dem Adlernebel im Sternbild Serpens?**

    a) Um einen Emissionsnebel
    b) Um einen Reflexionsnebel
    c) Um einen Dunkelnebel

**3. Welche Sterne sind die wärmeren?**

    a) Die rötlich leuchtenden
    b) Diejenigen, die vor allem blaues Licht aussenden
    c) Die gelb erstrahlenden

**4. Die Festlegung des Datums für den Jahresbeginn ist ...**

    a) ... abhängig vom sonnennächsten Punkt der Umlaufbahn der Erde um die Sonne
    b) ... abhängig vom sonnenfernsten Punkt der Erdumlaufbahn um die Sonne
    c) ... unabhängig von irgendeinem Punkt auf der Erdumlaufbahn um die Sonne

**5. Was ist mit der russischen Raumstation MIR passiert?**

    a) Sie kreist als Weltraumschrott um die Erde
    b) Sie wird für Weltraumtouristen hergerichtet
    c) Sie wurde im Pazifik versenkt

# Erde und Weltall
## *Antworten*

**1 c** Der kleinste eigenständige Staat Europas ist die Vatikanstadt. Dieser liegt innerhalb eines Stadtteil Roms und weist nicht einmal einen Quadratkilometer Fläche auf. Der zweitkleinste Staat ist San Marino auf der Apenninhalbinsel. Das Fürstentum Liechtenstein mit der Hauptstadt Vaduz ist nur unwesentlich kleiner als das Fürstentum Monaco.

**2 a** Um einen Emissionsnebel. Gasförmige interstellare Materie, in der Nähe heißer Sterne befindlich, ionisiert sich und ist als intensiver, vor allem im roten Bereich des Spektrums, strahlender Nebel zu erkennen. Seine äußere Form erinnert stark an diejenige eines Adlers – daher auch sein Name.

**3 b** Am Himmel können wir schon mit bloßem Auge Sterne verschiedenster Farbnuancen entdecken. Ihre Farbigkeit hängt von ihrer Oberflächentemperatur ab. Die blau strahlenden Sterne sind heißer als diejenigen, die gelblich erleuchten. Die niedrigste Temperatur haben in der Regel die roten Sterne. Während die blauen Sterne eine stattliche Oberflächentemperatur von ca. 10.000 Grad Celsius und mehr aufweisen können, erleuchten die roten mit „nur" ca. 3000 Grad Celsius. Unsere weiß-gelbliche Sonne liegt damit mit ca. 5700 Grad Celsius dazwischen.

**4 c** Das Datum für den Jahresbeginn ist vollkommen arbiträr festgelegt. Es ist damit unabhängig von dem sonnennächsten Punkt der Erdumlaufbahn, dem Perihel, und von dem sonnenfernsten Punkt, dem Aphel. So bürgerte es sich etwa in Frankreich erst im 16. Jahrhundert ein, den 1. Januar als Jahresbeginn zu wählen, zuvor galt dort lange Zeit der 1. April als Beginn des neuen Jahres.

**5 c** Entgegen den ursprünglichen Plänen, die Raumstation MIR in ein Weltraumhotel umzubauen, wurde die MIR Ende März 2001 im südlichen Pazifik versenkt. 1986 wurde sie als Nachfolger der russischen Raumstation Saljut-7 gestartet. Das Basismodul konnte durch Ankopplung weiterer Labore stetig erweitert werden. Seit 1987 war die MIR permanent besetzt und diente zahlreichen wissenschaftlichen Experimenten in der Schwerelosigkeit. Die MIR war weit länger als ursprünglich geplant in Betrieb. Die MIR diente als Grundlage für die Planung der internationalen Raumstation ISS.

# Erde und Weltall
## *Fragen*

**1. Wie heißt der größte Staat Afrikas?**

   a) Algerien
   b) Nigeria
   c) Sudan

**2. Welches Meer überquerte Charles Lindberg?**

   a) Den Ärmelkanal
   b) Den Atlantik
   c) Den Pazifik

**3. Hipparcos ist ...**

   a) ... ein astronomischer Satellit
   b) ... ein Planetenmond
   c) ... ein Komet

**4. Wie nennt man die Lichterscheinung, die durch Brechung oder Spiegelung des Sonnenlichts an atmosphärischen Eiskristallen entsteht?**

   a) Regenbogen
   b) Halo
   c) Nordlicht

**5. Wo befindet sich die längste Eisenbahnverbindung der Welt?**

   a) In den USA
   b) In Russland
   c) In Afrika

# Erde und Weltall
## *Antworten*

**1 c** Die Republik **Sudan** ist der größte Staat Afrikas. Von den über 50 Staaten Afrikas nimmt der Sudan mit 2,5 Millionen Quadratkilometern ein Zwölftel der Gesamtfläche ein. Der Sudan liegt südlich von **Ägypten** und erstreckt sich vom **Roten Meer** bis nach **Zentralafrika**. Die Hauptstadt Khartum liegt am Nil. **Algerien** ist der zweitgrößte Staat Afrikas. **Nigeria** zählt mit über 111 Millionen die meisten Einwohner.

**2 b** **Charles Lindberg** wurde berühmt für seine Nonstop-Atlantik-Überquerung. Angespornt von dem mit 25.000 Dollar dotierten Preis für einen Nonstop-Flug von New York nach Paris wagte der begeisterte Sportflieger den Flug über den Atlantik. Er verzichtete auf jeglichen überflüssigen Ballast, wie Fallschirm oder Pullover und füllte stattdessen jeden Winkel seines Flugzeuges mit Treibstoff. Nach 33 Stunden Flug erreichte er Paris.

**3 a** **Hipparcos** ist ein **astronomischer Satellit** der Europäischen Weltraumorganisation **ESA**. Sein Name ist eine Abkürzung und steht für „high precision parallaxe collecting satellite", also Parallaxen mit hoher Geschwindigkeit sammelnder Satellit. Er wurde 1989 gestartet. Seine Funkverbindung starb 1993. Die Messdaten, die er im Laufe seines Lebens der Erde sandte, lieferten genauere Daten über eine Vielzahl der **Sterne** unserer **Milchstraße** als die bisher bekannten.

**4 b** Diese bei **Eiskristallwolken** zu Tage tretende Lichterscheinung nennt man **Halo**. Es sind vor allem die dünnen **Eiswolkenschleier**, welche sich gleichmäßig über den Himmel erstrecken, die diese Lichterscheinungen in ihrer klarsten Form zum Leben erwecken. Man kann zwischen **Spiegelungshalos**, die weiß sind, und **Brechungshalos**, die farbig erscheinen, unterscheiden.

**5 b** Die längste Eisenbahnverbindung der Welt ist die **Transsibirische Eisenbahn** in Russland. Auf einer Strecke von 9289 Kilometern Länge verbindet sie Moskau mit Wladiwostok, das am Japanischen Meer liegt. Die im 19. Jahrhundert erbaute und bereits seit 1916 fertig gestellte Eisenbahnstrecke ist inzwischen zweigleisig und nahezu vollständig elektrifiziert. Eine Reise mit der Transsib dauert rund fünf Tage.

# Erde und Weltall
## *Fragen*

1. **Wie heißen die zwei Raumsonden, die 1974 und 1976 zur Erforschung der Sonne gestartet wurden?**

    a) Pathfinder und Viking
    b) Mariner und Venus
    c) Helios A und Helios B

2. **Die Farben des Regenbogens erscheinen stets in einer bestimmen Reihenfolge. Welche Farbe sehen wir im Inneren des Regenbogens?**

    a) Rot
    b) Violett
    c) Gelb

3. **Welcher Planet unseres Sonnensystems sollte „Georges Stern" oder „Herschel" benannt werden?**

    a) Jupiter
    b) Saturn
    c) Uranus

4. **Zu welchem Land gehört der Himalaja politisch nicht?**

    a) Zu Pakistan
    b) Zu Nepal
    c) Zu Bangladesch

5. **Für was steht die Abkürzung ESO?**

    a) European Southern Observatory
    b) European Space Organisation
    c) European Stars Observations

# Erde und Weltall
## *Antworten*

**1c** Die beiden deutschen Raumsonden zur Erforschung der Sonne und des interplanetaren Raumes in der Nähe der Sonne heißen Helios A und Helios B. Im Laufe ihrer Mission gelang ihnen eine Annäherung an die Sonne von bis zu 0,29 **Astronomischen Einheiten**. 1981 und 1986 fand ihre Arbeit ein Ende. **Pathfinder** und **Viking** sind **Marssonden** und **Mariner** und **Venus**, wie der Name schon andeutet, Sonden, die zur Erforschung der **Venus** ausgesandt wurden.

**2b** Sehen wir einen **Regenbogen**, dann sehen wir an Regentropfen gebrochenes und reflektiertes Sonnenlicht, welches in seine **Spektralfarben** aufgefächert wird. Im Innern des Hauptregenbogens befindet sich die Farbe **Violett**. Rot ist der äußere Rand des Bogens. Manchmal kann man auch einen **Nebenregenbogen** gleich über dem Hauptregenbogen erkennen. Bei diesem ist die Farbverteilung gerade umgekehrt zum Hauptregenbogen, also Violett ganz außen und Rot ganz innen.

**3c** Der Amateurastronom **William Herschel** (1738–1822) entdeckte 1781 mit einem eigens zusammengebauten Teleskop den Planeten **Uranus**. Bis zu seiner Entdeckung galt das Sonnensystem mit den Planeten Merkur, Venus, Erde, Mars, Jupiter und Saturn als vollständig. Der zunächst als Komet angesehene siebte Planet wurde schnell als neuer Planet anerkannt. Benannt wurde er – wie alle anderen – nach der römischen Mythologie. Herschel selber lehnte den Namen „Herschel" ab. Stattdessen schlug er – nach dem amtierenden Herrscher Großbritanniens **Georg III.** – den Namen **„Georges Stern"** vor.

**4c** Der **Himalaja**, das größte Gebirgssystem der Erde, gehört politisch nicht zu Bangladesch. Neben Indien, Pakistan, Nepal sind noch zwei weitere Länder politisch im Besitz des Himalajas, nämlich Bhutan und China, genauer gesagt, die autonome Region West-Chinas Tibet.

**5a** **European Southern Observatory**, Europäische Südsternwarte mit Sitz in Garching bei München. Diese Organisation zur astronomischen Forschung betreibt zwei Sternwarten in den chilenischen Hochanden, auf dem Berg La Silla und auf dem Paranal. Die Konstruktion des **Very Large Telescope** ist eines der bekanntesten Projekte der ESO.

# Erde und Weltall
## *Fragen*

**1. Welchem großen Astronomen werden die berühmten Worte „Eppur si muove" („Und sie bewegt sich doch") in den Mund gelegt?**

   a) Claudius Ptolemäus
   b) Nikolaus Kopernikus
   c) Galileo Galilei

**2. Wie alt ist die Erde?**

   a) 4 Millionen Jahre
   b) 4,5 Milliarden Jahre
   c) 15 Milliarden Jahren

**3. Latifundien ist der Name für ...**

   a) ... Großgrundbesitztümer
   b) ... eine Inselkette
   c) ... ein Gebirgssystem

**4. Wie nennt man Erddämme an Flüssen und Meeresküsten?**

   a) Deiche
   b) Ausgleichsküsten
   c) Abtragungen

**5. Wie heißt der längste Fluss Frankreichs?**

   a) Loire
   b) Rhône
   c) Seine

# Erde und Weltall
## *Antworten*

**1c** **Galileo Galilei** (1564–1642). Als eifriger Verfechter des **kopernikanischen Systems** stieß er bei der römisch-katholischen Kirche auf erbitterten Widerstand. Nach der Veröffentlichung seines großen Werkes „Dialogo" (1632), in dem er seine astronomischen Theorien darlegte, wurde ein Prozess gegen ihn in Gang gesetzt, der mit dem von der Kirche erzwungenen Widerruf seiner „Irrlehren" endete. Nach der Legende soll Galilei jedoch schon kurz nach seiner Abschwörung den berühmten Satz **„Eppur si muove"** artikuliert haben. Diese Worte wurden ihm aber erst sehr viel später in den Mund gelegt (vermutlich 1761 von Abbé Augustin Jrailh). Tatsächlich hat er gehorsamst die Abschwörungsformel vorgetragen und bekannt, dass er nicht an den kopernikanischen Ansichten festhalten werde.

**2b** Mit Hilfe der radioaktiven Altersbestimmung ergibt sich das Alter unserer Erde von ca. **4,5 Milliarden Jahren**. Das gleiche Alter wurde dabei auch bei Mondgestein oder Meteoriten festgestellt. Wir gehen heute davon aus, dass die Entstehung aller festen Körper unseres Sonnensystems vor etwa 4,5 Milliarden Jahren stattfand. Das Alter unseres Universums wird dagegen auf 15–20 Milliarden Jahren geschätzt.

**3a** **Latifundien** sind **Großgrundbesitztümer** mit vorwiegend Getreideanbau und Weidewirtschaft. Man findet sie vor allem im Orient und in Lateinamerika. Der Name geht bis in die Antike zurück. Hier bezeichnete er den Großgrundbesitz reicher römischer Bürger.

**4a** Erddämme, die zur Sicherung von tief gelegenen Landflächen vor Hochwasser, aber auch zur Landgewinnung mit in der Regel Sand oder Lehm gebaut werden, heißen **Deiche**. Befinden sie sich längs eines Flusses, dann nennt man sie **Flussdeiche**, diejenigen längs einer Meeresküste **Seendeiche**.

**5a** Die **Loire** ist mit 1020 Kilometern der längste Fluss Frankreichs. Die Loire entspringt in den **Cevennen** und mündet bei Saint-Nazaire in den **Atlantischen Ozean**. Berühmt sind die **Loire-Schlösser**. Diese im 16. Jahrhundert entstandenen Schlösser und Burgen sind zwischen Gien und Angers an der Loire und ihren Seitentälern zu finden.

# Erde und Weltall
## *Fragen*

**1. Wie werden die Längenkreise des Koordinatennetzes zur Ortsbestimmung der Erdoberfläche auch noch genannt?**

   a) Parallelkreise
   b) Meridiane
   c) Koordinatenkreise

**2. In Nordamerika finden wir welchen Klimatyp bestimmt nicht?**

   a) Winterfeuchtkaltes Klima
   b) Tropisches Regenwaldklima
   c) Wüstenklima

**3. Wie bezeichnen wir das Sternbild des Großen Wagens noch?**

   a) Großer Bär
   b) Walfisch
   c) Großer Hund

**4. Wofür steht ISS?**

   a) International Space Station
   b) Intercontinental Space Service
   c) Interstellar Space Station

**5. Wie groß ist die mittlere Entfernung des Mondes zur Erde?**

   a) Ca. 4.000.000 Kilometer
   b) Ca. 400.000 Kilometer
   c) Ca. 1.000.000 Kilometer

# Erde und Weltall
## *Antworten*

**1b** Die Längenkreise heißen auch **Meridiane**. Zusammen mit den Breitenkreisen, auch **Parallelkreise** genannt, bilden sie das Koordinatennetz, das der Ortsbestimmung auf der Erdoberfläche dient. Die Längenkreise stehen senkrecht zu den Breitenkreisen, die wiederum parallel zum Äquator verlaufen. Die Breitenkreise in 23 Grad und 27 Minuten nördlicher und südlicher Breite werden **nördlicher und südlicher Wendekreis** genannt.

**2b** Würden wir eine Reise durch **Nordamerika** machen, wären wir zahlreichen **Klimaten** ausgesetzt. Starten wir vom nördlichsten Punkt des Kontinents, würden wir auf das Tundrenklima treffen. Die Reise Richtung Süden würde uns mit winterfeuchtkaltem Klima, Steppenklima und feuchttemperiertem Klima vertraut machen. Würden wir uns dabei Richtung Westen bewegen, könnten wir auch auf Wüstenklima treffen. Was wir allerdings in Nordamerika nicht finden, ist das **tropische Regenwaldklima**. Dafür müssten wir unsere Reise Richtung Äquator fortsetzen und nach Mittel- und Südamerika vordringen.

**3a** Der **Große Wagen** am nördlichen Sternenhimmel gilt als das bekannteste Sternbild. Allerdings ist das Sternbild des Großen Wagens nur ein Teil des **Großen Bären**. So besteht der Große Wagen nur aus Wagen und Deichsel, der Große Bär vervollständigt erst das Sternbild zu der Figur eines Bären. Analog dazu bezeichnen wir den **Kleinen Wagen** auch als **Kleinen Bären**.

**4a** **ISS** steht für **International Space Station** (internationale Raumstation). An der Entwicklung dieser Raumstation sind 15 Staaten beteiligt – unter anderem Amerika, Deutschland, Frankreich, Japan und Russland. 1998 begann die Montage der ersten Module. Seit Herbst 2000 kann das Hauptmodul permanent besetzt sein.

**5b** Der Mond hat eine mittlere Entfernung zur Erde von ca. 384.403 Kilometern. Diese relativ „große" Nähe zu unserer Erde in Kombination mit seiner relativ „großen" Masse (etwa 1/81 Erdmasse) verursachen auf unserer Erde ausgeprägte **Gezeitenwirkungen**.

# Erde und Weltall
## *Fragen*

**1. Warum sehen wir den Mond immer nur von einer Seite?**

   a) Rotations- und Umlaufzeiten sind gleich
   b) Eine Mondumdrehung entspricht genau einer Erdumdrehung
   c) Der Mond dreht sich selber nicht

**2. Wie nennt man das unter der Erde angesammelte Grundwasser aus erdgeschichtlicher Vergangenheit?**

   a) Fließendes Grundwasser
   b) Fossiles Grundwasser
   c) Gespanntes Grundwasser

**3. Wie wird das geozentrische Weltsystem auch oft bezeichnet?**

   a) Ptolemäisches Weltsystem
   b) Kopernikanisches Weltsystem
   c) Heliozentrisches Weltsystem

**4. Was sind die Halligen?**

   a) Vulkane
   b) Planetenmonde
   c) Inseln

**5. Wo steht das höchste Rathaus der Welt?**

   a) In New York
   b) In Hongkong
   c) In Tokio

# Erde und Weltall
## *Antworten*

**1a** Der Mond dreht sich genauso schnell um seine eigene Achse, wie er für einen Umlauf um die Erde braucht (ca. 28 Tage), d.h. die **Rotations-** und **Umlaufzeiten** sind gleich. Daher ist uns immer die gleiche Seite zugewendet. Wir teilen den Mond auch in die der Erde zugewandte und die der Erde abgekehrte Seite ein. Die ersten Bilder von der erdabgekehrten Seite brachte die russische Mondsonde **Luna 3** (1959).

**2b** Das Grundwasser, das sich in der erdgeschichtlichen Vergangenheit unter der Erde gesammelt hat und nun unverändert dort einlagert, nennt man **fossiles Grundwasser**. **Fließendes Grundwasser** liegt dann vor, wenn der Grundwasserspiegel geneigt ist und das Wasser in diese Richtung fließen kann, **gespanntes Grundwasser** dann, wenn es unter Druck steht.

**3a** Das **Ptolemäische Weltsystem**. Dieses System, das die Erde in den Mittelpunkt der Welt rückt, wurde von **Ptolemäus** (ca. 150 n. Chr.) vervollständigt und blieb das ganze Mittelalter hindurch bestimmend. Erst mit **Kopernikus** (1473–1543) und seinem begründeten Weltsystem trat eine tief greifende Veränderung der Weltanschauung ein. Das so genannte **kopernikanische Weltsystem**, auch **heliozentrisches System** genannt, macht die Sonne zum Mittelpunkt. So ist es nicht mehr die Erde, sondern die Sonne, um die die anderen Planeten und die Erde kreisen. Da er jedoch erheblichen Widerstand der römischen Kirche befürchtete, verschob er die Veröffentlichung dieses herausragendes Werkes bis kurz vor seinen Tod.

**4c** Die **Halligen** sind zehn kleine Inseln im **nordfriesischen Wattenmeer**, die durch Schlickablagerungen nach dem Anstieg des Meeresspiegels nach der **Eiszeit** entstanden sind. Zu den Halligen gehören: Habel, Südfall, Hamburger Hallig, Hooge, Nordmarsch-Langeneß, Nordstrandischmoor, Oland, Gröde-Appelland, Süderoog und Norderoog.

**5c** Das höchste Rathaus der Welt steht in **Tokio**. Die beiden Türme des Rathauses ragen 243 Meter in die Höhe. Es liegt inmitten des Wolkenkratzer-Viertels Shinjuku und hat die Steuerzahler rund zwei Milliarden Mark gekostet. Tokio hat mit 8,1 Millionen Einwohnern (nur Stadtgebiet) mehr Einwohner als New York City oder Hongkong.

# Erde und Weltall
## *Fragen*

**1. Was ist ein Jetstream?**

    a) Ein Luftstrom
    b) Ein Kondensstreifen
    c) Eine heiße Quelle

**2. Wo liegt die Arktis?**

    a) Im Nordpolarmeer
    b) Im Südpolarmeer
    c) Im Atlantischen Ozean

**3. Welcher Taucher erreichte die tiefsten Stellen im Pazifik?**

    a) William Anderson
    b) William Bebe
    c) Auguste Piccard

**4. Wie viel Fläche der Erde ist vergletschert?**

    a) Ca. 160.000 Quadratkilometer
    b) Rund 16.000.000 Quadratkilometer
    c) Etwa 16.000 Quadratkilometer

**5. Der älteste noch erhaltene Erdglobus befindet sich derzeit ...**

    a) ... in Nürnberg
    b) ... in Rom
    c) ... in Athen

# Erde und Weltall
## *Antworten*

**1a** Ein **Jetstream** ist ein starker, nicht beständiger von West nach Ost gerichteter Luftstrom in einer Höhe von 10–20 Kilometern. Er kann zwischen 150 und 600 Stundenkilometer aufweisen. Flugzeuge können bei Flügen Richtung Osten diese Winde ausnutzen, um Treibstoff zu sparen. **Kondensstreifen** dagegen machen die Abgase von Flugzeugen sichtbar: Wassertropfen oder Eiskristalle, die sich durch die Kondensation von Wasserdampf aus den Flugzeugabgasen bilden, reflektieren das Sonnenlicht und sind für uns als weiße Streifen sichtbar.

**2a** Das Wort **Arktis** kommt aus dem Griechischen und heißt Bär. Es nimmt Bezug auf die nördlichen Sternbilder **Großer** und **Kleiner Bär**. Mit Arktis bezeichnet man die um den Nordpol gelegenen Meer- und Landgebiete, die nördlich des nördlichen Polarkreises liegen. Analog dazu bezeichnet man die Gebiete südlich des südlichen Polarkreises als **Antarktis**.

**3c** **Auguste Piccard** erforschte 1960 mit seinem Tauchboot Trieste den **Marianengraben**, die tiefste Stelle unserer Ozeane. Das von Piccard konstruierte Tauchboot war in der Lage, dem enormen Druck in über 10.000 Metern Tiefe standzuhalten. **William Bebe** hatte zuvor eine Tauchkapsel entwickelt, mit der bis zu 1000 Meter tief getaucht werden konnte. Der amerikanische U-Boot-Kapitän **William Anderson** tauchte 1958 mit der **Nautilus** – dem ersten Atom-U-Boot der Welt – unter dem Eis des Nordpols mit Hilfe von Blindnavigation hindurch.

**4b** Die Erde hat ca. 16.000.000 Quadratkilometer vergletscherte Fläche. Davon findet man den größten Teil auf der **Antarktis** und den **subantarktischen Inseln**. Hier trifft man schon alleine auf etwa 13.600.000 Quadratkilometer Gletscherfläche. Der Teil der Erde mit dem geringsten Gletscheranteil ist **Afrika** mit ca. 10 Quadratkilometern Gletschergebiet.

**5a** Den ältesten noch erhalten gebliebenen **Erdglobus**, den „**Erdapfel**", kann man in **Nürnberg** im **Germanischen Nationalmuseum** bewundern. Er wurde von dem in Nürnberg geborenen Kosmographen **Martin Behaim** (1459–1507) 1492 erschaffen. Die ältesten **Himmelsgloben**, also verkleinerte Nachbildungen der vermeintlichen Himmelskugel, gehen sogar bis ins 1. Jahrhundert zurück.

# Erde und Weltall
## *Fragen*

1. **Nach welchen Elementarteilchen suchen Forscher im Baikalsee?**

    a) Neutronen
    b) Neutrinos
    c) Quarks

2. **Die häufigsten und meist auch stärksten Erdbeben sind ...**

    a) ... vulkanische Beben
    b) ... Einsturz-Beben
    c) ... tektonische Beben

3. **Wie nennt man die weiß-seidigen fasrigen Federwolken, welche man in 7 bis 13 Kilometern Höhe findet?**

    a) Zirrus
    b) Nimbostratus
    c) Kumulus

4. **Warum funkeln Sterne?**

    a) Aufgrund ihrer Rotation
    b) Durch Luftunruhen in der Atmosphäre
    c) Durch den Dopplereffekt

5. **Welches Sternbild ist nach griechischer Mythologie ursprünglich einmal die schöne Kallisto gewesen?**

    a) Der Große Bär
    b) Die Jungfrau
    c) Die Schlange

# Erde und Weltall
## *Antworten*

**1 b** Russische und deutsche Forscher suchen im **Baikalsee** nach **Neutrinos** aus dem Kosmos. Reagieren Neutrinos mit anderen Elementarteilchen, so entsteht ein Lichtblitz. Diese Lichtblitze versuchen Forscher in den Tiefen des Baikalsees nachzuweisen. Der Baikalsee bietet dabei optimale Voraussetzungen: Er ist mit rund 1600 Metern der tiefste See der Erde. Eine dicke Eisschicht und die lange Sibirische Nacht lassen im Winter kaum Sonnenlicht in den See. Außerdem ist das Wasser glasklar, die Lichtdetektoren können daher auch noch weit entfernte Lichtblitze aufspüren.

**2 c** Die **tektonischen Beben** sind die auf der Erde am häufigsten eintretenden und meist auch am heftigsten zu Tage tretenden Beben. Die Erschütterung des Erdbodens wird hier durch Verschiebungen und Brüche in der **Erdkruste** und im **oberen Mantel der Erde** verursacht. **Vulkanische Beben** entstehen aufgrund von **Vulkanausbrüchen** und **Einsturz-Beben** dadurch, dass unter der Erde liegende Hohlräume zusammenfallen.

**3 a** Diese Wolken nennt man **Zirrus**. Sie gehören zu den so genannten **„hohen Wolken"**, welche sich von drei **Wolkenstockwerken** in den obersten aufhalten. Die **Nimbostratus-Wolken** findet man im mittleren Wolkenstockwerk, d. h. in einer Höhe von 2 bis 7 Kilometern. Charakteristisch ist ihre dunkelgraue Färbung und ihre unscharfe untere Abgrenzung. Aus ihnen fällt Niederschlag in großen Tropfen. Die **Kumulus-Wolken** sind strahlend weiße, dichte, scharf umrissene Haufenwolken mit horizontaler unterer Abgrenzung, welche sich vom untersten Stockwerk (0 bis 2 Kilometer) bis zum obersten Stockwerk erstrecken können.

**4 b** Sterne funkeln aufgrund der **Luftunruhen in unserer Atmosphäre**. Diese stetige Änderung der Luftdichte in der Atmosphäre bewirkt eine geringfügige Veränderung unserer Sichtlinie. Dieses Phänomen tritt nur bei sehr kleinen Objekten wie den Sternen auf.

**5 a** Der **Große Bär**. Die schöne Jagdgefährtin der Artemis, **Kallisto**, wurde nach einem Liebesabenteuer mit Zeus von Hera in einen Bären verwandelt. Später hat Zeus sie und ihren gemeinsamen Sohn **Arkas** dann zu den Sternen gestellt: Kallisto als Großen Bär und Arkas als **Bärenhüter**.

# Erde und Weltall

## *Fragen*

**1. Welche europäische Rakete explodierte aufgrund eines Programmierfehlers?**

   a) Ariane 4
   b) Ariane 5
   c) Europa

**2. In welcher Zone der Erde kann man die meisten Gewitter im Jahr miterleben?**

   a) In der tropischen Zone
   b) In der gemäßigten Zone
   c) In der Polarzone

**3. Was sind Dünen?**

   a) Durch Wind angehäufte Sandhügel
   b) Durch den Menschen gebaute Erddämme an Flüssen und Meeresküsten
   c) Durch vulkanische Gasexplosionen entstandene Erdaufschüttungen

**4. Was ist der Van-Allen-Gürtel?**

   a) Strahlungsgürtel der Erde
   b) Der Asteroiden-Gürtel zwischen Mars und Jupiter
   c) Eine Inselgruppe im Pazifik

**5. In welchem Meer findet man die Halbinsel Krim?**

   a) Im Roten Meer
   b) Im Kaspischen Meer
   c) Im Schwarzen Meer

# Erde und Weltall
## *Antworten*

**1 b** Der erste Start der **Ariane 5** am 4. Juni 1996 scheiterte aufgrund eines Programmierfehlers. Bereits 37 Sekunden nach dem Start wurde die Rakete gesprengt, da ein Programmierfehler die Ariane vom Kurs abgebracht hatte. Die **Ariane 4** war das erfolgreiche Vorgängermodell. Zwischen 1988 und 95 wurden mit diesem Raketentyp rund 120 Satelliten in die Erdumlaufbahn geschossen.

**2 a** Die meisten Gewitter prasseln im Schnitt in der **tropischen Zone** auf die Erde nieder. Dieses spektakuläre Naturereignis, bei dem sich elektrische Ladung in der Luft plötzlich mit hellem Erleuchten und grollendem Geräusch entlädt, nimmt in der Regel in seiner Häufigkeit von der tropischen Zone zu den höheren Breitengraden ab. Hat man um den **Äquator** noch durchschnittlich 100 bis 160 Gewittertage, liegt die Gewitterhäufigkeit pro Jahr in den **gemäßigten Zonen** bei durchschnittlich 15 bis 50 Tagen.

**3 a** **Dünen** sind durch Wind aufgeschüttete Sandhügel. Diese z. T. wunderschön gebildeten Sandaufhäufungen kann man sowohl im Landesinneren als auch an der Küste antreffen. Man unterscheidet daher zwischen **Strand-** und **Binnendünen**. Auch gibt es Dünen, die wandern und solche, die ortsfest sind. Wandern die seitlichen Ränder einer **Wanderdüne** schneller als die Mitte der Düne, dann entstehen die beeindruckenden sichelförmigen Dünen, auch **Sicheldünen** genannt.

**4 a** Der **Van-Allen-Gürtel** ist der durch den Physiker **J. A. van Allen** 1958 entdeckte Strahlungsgürtel der Erde. In diesem Bereich 1000 bis 5000 Kilometer oberhalb des Äquators, sind energiereiche, geladene Teilchen aus dem Sonnenwind und der kosmischen Strahlung aufgrund des Erdmagnetfeldes gefangen. Van Allen entdeckte diesen Strahlungsgürtel durch Auswertung der Messungen durch die **Explorer-Sonde**.

**5 c** Die Halbinsel **Krim** ragt im Norden ins **Schwarze Meer**. Sie ist Teil der gleichnamigen autonomen Teilrepublik Krim. Die durch das Krimgebirge geschützte Südküste weist mediterranes Klima auf und gilt daher als beliebtes Urlaubsgebiet. An den Südhängen des Krimgebirges wird Wein, Obst und Tabak angebaut. Ein bekanntes Exportprodukt der Republik Krim ist der Krimsekt.

# Erde und Weltall
## *Fragen*

**1. Wo findet man den Ku'damm?**

   a) In den Alpen
   b) In Oberösterreich
   c) In Berlin

**2. Auf welchen Astronomen des 17. Jahrhunderts geht die noch heute gebräuchliche Nomenklatur für die lunaren Krater zurück?**

   a) Auf Johann Fabricius
   b) Auf Giovanni Battista Riccioli
   c) Auf Johannes Hevelius

**3. Wo findet man Marsch nicht?**

   a) An Flachmeerküsten
   b) An Trichtermündungen von Flüssen
   c) Im Gebirge

**4. Wie heißen die beiden Marsmonde, die Asaph Hall 1877 entdeckte?**

   a) Phobos und Phoebe
   b) Prometheus und Pandora
   c) Phobos und Deimos

**5. Wozu verwendet man Feng Shui?**

   a) Zum Bau von Häusern
   b) Zum Kochen
   c) Zur Kartographie

# Erde und Weltall
## *Antworten*

**1c** Die Berliner sagen Ku'damm zu dem **Kurfürstendamm**. Der Kurfürstendamm ist aus einem ursprünglich unbefestigten Reitweg für die Kurfürsten nach dem Vorbild der Champs-Elysées von Reichskanzler **Otto von Bismarck** errichtet wurden. Diese Prachtstraße ist eines der Wahrzeichen von Berlin und bietet zahlreiche Cafés, Kinos, Kaufhäuser und Boutiquen.

**2b** Auf den Jesuitenprofessor **Giovanni Battista Riccioli** (1598–1671). Nach seinem neu eingeführten System werden die Mondkrater mit Namen berühmter Persönlichkeiten versehen. So kommt es auch dazu, dass zwei prächtige Mondkrater die Namen Riccioli und Grimaldi (Name eines Schülers Ricciolis) tragen, während der Galilei-Krater verhältnismäßig schmächtig und finster ist; ein deutliches Zeichen dafür, dass Riccioli die Theorien **Galileis**, an denen die katholische Kirche Anstoß nahm, nicht billigte. **Fabricius** (1587–1616) ist wohl am besten für seinen Anspruch auf die Entdeckung der Sonnenflecken bekannt und **Hevelius** (1611–87) für die Veröffentlichung einer ersten genauen Mondkarte.

**3c** **Marsch** findet man nicht im Gebirge. Diese fruchtbare, aus Schlick bestehende Niederung ist vor allem an **Flachmeerküsten** anzutreffen, wo die Gezeiten stark ausgeprägt sind. Diese Niederung heißt dann **Küstenmarsch**. An Trichtermündungen von Flüssen kann Marsch bis ins Innere des Landes gelangen. Man spricht dann von **Flussmarsch**.

**4c** Die beiden kleinen **Marsmonde**, die Hall 1877 mit einem Objektiv von 65 cm Durchmesser entdeckte, wurden nach den mythologischen Gefährten des Kriegsgottes Mars **Phobos** (Furcht) und **Deimos** (Schrecken) benannt. Phoebe, Prometheus und Pandora sind Monde des Planeten Saturn.

**5a** Unter **Feng Shui** versteht man die alte chinesische Lehre der **Erdkräfte**. Diese Methode wird noch heute in Hongkong, Taiwan und Singapur beim Bau von Gebäuden und beim Anlegen von Straßen und Plätzen angewendet. Diese Lehre wirkt sich auf die Ausrichtung und den Grundriss der Gebäude sowie die Lage von Fenstern und Türen aus.

# Erde und Weltall
## *Fragen*

**1. Welcher große griechische Philosoph hielt die Erde für eine Scheibe, die auf Wasser schwimmt?**

   a) Thales von Milet
   b) Pythagoras
   c) Aristoteles

**2. Wo fließen die beiden Flüsse Tigris und Euphrat?**

   a) Saudi-Arabien
   b) Jordanien
   c) Mesopotamien

**3. Mediterran bedeutet ...**

   a) ... den Mittelpunkt der Erde betreffend
   b) ... den Mittelmeerraum betreffend
   c) ... die Übergangszone zwischen oberem und unterem Erdmantel betreffend

**4. Die Passate wehen ...**

   a) ... von der subtropischen Zone zum Äquator
   b) ... von den Polen zu den gemäßigten Zonen
   c) ... von den Polen zum Äquator

**5. Wo steht der Zuckerhut?**

   a) In Rio de Janeiro
   b) In Guyana
   c) In Argentinien

# Erde und Weltall
## *Antworten*

**1a** **Thales von Milet** (ca. 624–547 v. Chr.). Für ihn war die Erde eine auf Wasser schwimmende Scheibe. 585 machte er die Aufsehen erregende Vorhersage einer **Sonnenfinsternis**, die einen Krieg zwischen Lydiern und Medern schlagartig zum Ende brachte. **Pythagoras** (580–500 v. Chr.), nicht nur Philosoph und Mathematiker sondern auch Astronom, glaubte an die **musikalische Harmonie** im Aufbau des Weltalls. Auf ihn geht der schöne Gedanke zurück, der sich in der Literatur nicht nur in Shakespeares Dramen als dichterisches Bild immer wieder findet, dass die Himmelskörper beim Durchlaufen ihrer Bahnen eine für das menschliche Ohr nicht wahrnehmbare **Sphärenmusik** der vollkommenen Harmonie erklingen lassen. **Aristoteles** (384–322 v. Chr.) setzte sich mit den allgemeinen Grundfragen der Physik auseinander, wie dem Raum, der Zeit, der Materie, der Ursache und der Bewegung.

**2c** Der Name **Mesopotamien** ist griechisch und heißt **Zwischenstromland**. Bezeichnet wird damit die vorderasiatische Landschaft zwischen den beiden Flüssen **Tigris** und **Euphrat** (heutiger Irak).

**3b** Spricht man von **mediterran**, meint man, dass etwas zum **Mittelmeer** gehört bzw. auf den Mittelmeerraum/die Mittelmeerländer bezogen ist.

**4a** Die **Passate** wehen von den **subtropischen Hochdruckgürteln** zum Äquator. Sie sind sehr beständige, trockene Winde, die das ganze Jahr über zu beobachten sind. Aufgrund der **Erdrotation** werden sie auf der Nordhalbkugel zum **Nordost-Passat** abgelenkt und auf der Südhalbkugel zum **Südost-Passat**.

**5a** Der 395 Meter hohe **Zuckerhut** steht in **Rio de Janeiro**. Rio de Janeiro ist ein Küstenstaat in **Brasilien**. Die gleichnamige Hauptstadt zählt rund 6 Millionen Einwohner und ist nach Sao Paulo die zweitgrößte Stadt Brasiliens. Der Zuckerhut ist das Wahrzeichen der Stadt. Er kann mit einer Seilbahn befahren werden. Rio de Janeiro war bis 1960 die Hauptstadt von Brasilien. Zur Förderung des brasilianischen Binnenlandes wurde die Stadt Brasilia gegründet und zur Hauptstadt erklärt.

# Erde und Weltall
## *Fragen*

**1. Welcher deutsche Astronom und Musiker wurde durch die Entdeckung des Planeten Uranus 1781 schlagartig berühmt?**

   a) William Herschel
   b) Joseph von Fraunhofer
   c) Johann Hieronymus Schröter

**2. Welches ist das ausgeglichenere Klima?**

   a) Das kontinentale Klima
   b) Das maritime Klima
   c) Beide sind gleich

**3. Wie heißt die Verbindung zwischen Mittelmeer und Rotem Meer?**

   a) Kanal von Korinth
   b) Nieuwe Waterweg
   c) Sueskanal

**4. Wie heißt die größte griechische Insel?**

   a) Kreta
   b) Rhodos
   c) Santorin

**5. Bis wie viel Grad zählt man die geographische Länge?**

   a) Bis 90 Grad
   b) Bis 180 Grad
   c) Bis 45 Grad

# Erde und Weltall
## *Antworten*

**1a** **William Herschel** (1738–1822). In jungen Jahren wanderte der in Hannover geborene Herschel nach England aus, baute seine eigenen **Spiegelteleskope** und entdeckte damit auch den Planeten **Uranus**. Georg III. von England und Hannover machte ihn daraufhin zum Astronom des Königs. **Johann Hieronymus Schröter** (1745–1816), Präsident der 1800 gegründeten **„Himmelspolizei"**, benutzte für seine Beobachtungen des Sternenhimmels nicht nur Herschels selbst gebaute Spiegelteleskope, sondern stand mit ihm auch für längere Zeit in regem Briefverkehr. **Joseph von Fraunhofer** (1787–1826), einer der angesehensten Optiker seiner Zeit, fertigte nicht nur einwandfreie Objektive für Refraktoren, sondern erforschte auch selbst die Sterne. So beobachtete er eingehendst das Sonnenspektrum und entdeckte dabei die 324 **Fraunhofer-Linien**.

**2b** Was die thermischen Verhältnisse, die Luftfeuchtigkeit und die Niederschläge betrifft, ist das **maritime Klima** bei weitem ausgeglichener als das kontinentale mit seinen recht warmen Sommern und relativ kalten Wintern.

**3c** Der **Sueskanal** verbindet das **Mittelmeer** (Port Said) und das **Rote Meer** (Sues). Der Sueskanal ist 195 Kilometer lang und nützt eine Reihe natürlicher Seen. Mit dem Sueskanal wurde der Seeweg nach Indien und China stark verkürzt. Insbesondere die gefährliche Reise um die Südspitze Afrikas konnte so vermieden werden. Der **Kanal von Korinth** verbindet das Ionische mit dem Ägäischen Meer und der niederländische **Nieuwe Waterweg** führt Nordsee und Neue Maas zusammen.

**4a** Die größte griechische Insel ist **Kreta** mit einer Fläche von über 8200 Quadratkilometern. Einst war sie die Blüte der **minoischen Kultur**. Die Ausgrabungen des **Palasts von Knossos** mit dem Labyrinth des Minotaurus zeugen noch heute von dieser Zeit. Theorien zufolge führte der schwere Vulkanausbruch auf der nahe gelegenen Insel Santorin 1628 v. Chr. zum Untergang der Vorherrschaft Kretas.

**5b** Die **geographische Länge** zählt man von 0 bis 180 Grad. Mit dem Zählen beginnt man beim **Meridian von Greenwich**, den man daher auch unter dem Namen **Nullmeridian** kennt.

# Erde und Weltall

## *Fragen*

**1. In welchem Gebiet Frankreichs befindet sich der Mont-Saint-Michel?**

   a) Bretagne
   b) Provence
   c) Normandie

**2. Wodurch entsteht saurer Regen?**

   a) Durch die Verbrennung fossiler Brennstoffe
   b) Durch die Emission von FCKW
   c) Durch Ozon

**3. Neben der Bewegung in ihrer Bahn um die Sonne führt die Erde noch eine von dieser unabhängigen Drehung um ihre eigene Körperachse aus. Wie heißt diese?**

   a) Vibration
   b) Libration
   c) Rotation

**4. Was unterscheidet die Wirbelstürme Zyklon, Taifun und Hurrikan?**

   a) Ihre Windstärke
   b) Ihr Erscheinungsort
   c) Ihr Drehsinn

**5. Welches der folgenden Tiere gibt es nicht in der Arktis?**

   a) Eisbären
   b) Robben
   c) Pinguine

# Erde und Weltall
## *Antworten*

**1a** Der **Mont-Saint-Michel** befindet sich im Norden der **Bretagne**. Ursprünglich ragte er als kleine Erhebung aus dem Wald von Scissy auf. Das Meer eroberte aber immer mehr Land, sodass der Mont-Saint-Michel inzwischen aus dem Wasser herausragt. Auf dem 90 Meter hohen Felsen wurde im Jahr 966 eine Benediktinerabtei gegründet, die im 16. Jahrhundert vollendet wurde.

**2a** **Saurer Regen** entsteht durch die Verbrennung fossiler Brennstoffe wie Kohle, Erdöl und Erdgas. Durch die Emission von Schwefeldioxid und Stickoxiden entstehen in der Atmosphäre Schwefel- und Salpetersäuren. Niederschläge werden mit diesen Säuren angereichert. Die säurehaltigen Niederschläge sind die Hauptursache des **Waldsterbens**.

**3c** Die **Rotation**. Diese wird von der Erde im gleichen Drehsinn wie die Bewegung in ihrer Umlaufbahn durchgeführt, d.h. von West nach Ost. Diese Drehung zeigt sich in der scheinbaren Drehbewegung des Himmelsgewölbes von Ost nach West. Spricht man von **Libration**, meint man das scheinbare Pendeln des Mondes in Bezug zur Erde während seiner Umlaufbewegung. Dies bewirkt, dass wir von der Erde aus statt 50 % etwa 59 % der Mondoberfläche beobachten können.

**4b** **Wirbelstürme** werden aufgrund ihres Erscheinungsorts unterschiedlich bezeichnet. So heißt ein Wirbelsturm in Australien **Zyklon**, im Atlantik **Hurrikan** und im Pazifik **Taifun**. Es handelt sich dabei jedoch um das gleiche Wetterphänomen: Aus spiralförmigen Tiefdruckgebieten entstehen Wirbelstürme. Voraussetzung dafür ist eine warme Wassertemperatur von mindestens 27 Grad Celsius. Taifun und Hurrikan drehen gegen den Uhrzeigersinn, da sie auf der Nordhalbkugel auftreten. Zyklone dagegen drehen sich im Uhrzeigersinn.

**5c** **Pinguine** sind nur auf der südlichen Erdhalbkugel zu finden, sie gibt es daher nicht im nördlichen Polarmeer bzw. in der **Arktis**. Pinguine sind flugunfähige Meeresvögel, die es auch in den eiskalten Gebieten der **Antarktis** aushalten. Ihre Flügel dienen beim Schwimmen als Ruder, auf der Eisscholle laufen die Pinguine aufrecht auf ihren beiden Füßen und benutzen ihre Schwanzfedern als Stütze.

# Erde und Weltall
## *Fragen*

**1. Welches Land hat die meisten Einwohner?**

   a) Indien
   b) China
   c) USA

**2. Welche Vegetation findet man in den Klimazonen der Schneeklimate nicht?**

   a) Nadelwälder
   b) Subarktische Strauchformation
   c) Savannen

**3. Wie heißt der längste von Menschenhand geschaffene und verkehrstechnisch nutzbare Tunnel der Welt?**

   a) Eurotunnel
   b) Seikantunnel
   c) Dai-Shimizu-Tunnel

**4. In welcher Phase kommt es zur Mondfinsternis?**

   a) Bei Neumond
   b) Bei Vollmond
   c) Eine Mondfinsternis ist unabhängig von der Mondphase

**5. Wann steht die Sonne am nördlichen Wendekreis der Erde im Zenit?**

   a) Am 22. Juni
   b) Am 22. Dezember
   c) Am 22. September

# Erde und Weltall
## *Antworten*

**1b** **China** zählt mit über 1,2 Milliarden die meisten Einwohner. **Indien** kommt auf 935 Millionen Einwohner. Indien und China zusammen stellen damit etwa ein Drittel der Erdbevölkerung. In China und Indien wurden strenge Geburtenkontrollen eingeführt, um dem Bevölkerungswachstum entgegen zu wirken. Die Bevölkerung wächst am stärksten in Afrika, gefolgt von Südamerika. In Europa ist die Wachstumsrate mit Abstand am niedrigsten; in manchen Gebieten ist die Einwohnerzahl sogar rückläufig.

**2c** In der Klimazone der **Schneeklimate**, wo man kalte, wintertrockene, aber auch kalte, winterfeuchte Klimate vorfindet, sind **Savannen** unüblich. Dort, wo der wärmste Monat im Mittel eine Temperatur von über 10 Grad Celsius und der kälteste im Schnitt unter −3 Grad Celsius hat, wachsen vor allem **subarktische Strauchformationen** und **Nadelwälder**.

**3b** Aufgrund der Inselstruktur Japans findet man die längsten Tunnel der Welt in **Japan**. So verbindet der **Seikantunnel** die beiden Hauptinseln Japans (Honshu und Hokkaido). Der Seikantunnel ist ein Eisenbahntunnel und verläuft unterhalb des Meeres. Er wurde 1988 fertig gestellt und ist knapp 53,9 Kilometer lang. Der **Eurotunnel** unterhalb des Ärmelkanals ist mit 50,5 Kilometern Länge der zweitlängste Tunnel der Welt. Am dritten Platz finden wir den **Dai-Shimizu-Tunnel** in Japan mit 22,2 Kilometern Länge.

**4b** Eine **Mondfinsternis** bedeutet, dass der Schatten der Erde auf den Mond fällt und dieser kein direktes Sonnenlicht mehr reflektieren kann. Diese Konstellation kann nur bei **Vollmond** stattfinden, da der Mond auf der von der Sonne abgekehrten Seite der Erde steht. Allerdings bleibt der Mond auch bei totaler Mondfinsternis durch Streulicht und Lichtbeugung sichtbar: er erscheint rötlich.

**5a** Die Sonne steht über dem **nördlichen Wendekreis** (Breitenkreis in 23 Grad und 27 Minuten nördlicher Breite) am 22. Juni im **Zenit**. Am 22. Dezember steht sie über dem **südlichen Wendekreis** im Zenit.

# Erde und Weltall
## *Fragen*

### 1. Was ist im tropischen Regenwald nicht anzutreffen?

   a) Zerstörung
   b) 135 Meter hohe Bäume
   c) Rund 40 % aller Tier- und Pflanzenarten

### 2. Welcher amerikanische Astronom entdeckte im Jahre 1877 die beiden Marsmonde Deimos und Phobos?

   a) Edward Emerson Barnard
   b) Percivall Lowell
   c) Asaph Hall

### 3. Wie hieß die erste Sonde, die den Saturn passierte?

   a) Voyager 1
   b) Pioneer 11
   c) Voyager 2

### 4. Welcher ist der größte Staat Südamerikas?

   a) Argentinien
   b) Brasilien
   c) Peru

### 5. Was kennzeichnet die Osterinseln?

   a) Monumentale Steinfiguren
   b) Aztekengräber
   c) Ihre Osterbräuche

# Erde und Weltall
## *Antworten*

**1 b** Der **tropische Regenwald**, in dem etwa 40 % aller Tier- und Pflanzenarten unterkommen, kennt keine Bäume, die über 135 Meter hoch sind. Er besitzt zwar mehrere Baumstockwerke, aber die höchsten Bäume erreichen dort eine Maximalhöhe von 60 Metern. Der tropische Regenwald ist stark von Vernichtung bedroht. Jährlich werden über 100.000 Quadratkilometer zerstört.

**2 c** **Asaph Hall** (1829–1907). Nicht nur seine Entdeckung der beiden **Marsmonde**, sondern auch die Bestimmung der **Rotationsperiode des Saturns** haben ihn als Astronom zu Ruhm kommen lassen. **Barnard** (1857–1923) wurde bekannt durch die Identifizierung des **Barnards-Sterns**, einem der sonnennächsten Sterne mit einer Entfernung von 6 Lichtjahren. **Lowell** (1855–1916) wird heute v.a. mit seinem Glauben an die Existenz eines von intelligenten Wesen erbauten Bewässerungssystem auf dem Mars in Verbindung gebracht.

**3 b** Die Sonde **Pioneer 11** erreichte als erste Sonde den **Saturn** im September 1979. 1973 gestartet, hatte sie bereits 1974 erfolgreich Daten von **Jupiter** übermittelt. **Voyager 1** und **2** starteten 1977. Dabei erkundeten beide Sonden Jupiter und Saturn, Voyager 2 flog daraufhin noch weiter zu **Uranus** (1986) und **Neptun** (1989). Aufgrund dieser Sonden wurden noch einige Monde dieser Planeten entdeckt.

**4 b** Die Republik **Brasilien** ist mit Abstand der größte Staat in Südamerika. Brasilien nimmt rund 47 % des südamerikanischen Kontinents ein. Die Hauptstadt heißt **Brasilia**. Insbesondere an der 7400 Kilometer langen Küste blüht der Handel mit Kaffeebohnen und Soja, Zucker, Kakao und tropischen Früchten. **Argentinien** mit der Hauptstadt **Buenos Aires** ist der zweitgrößte Staat in Südamerika. **Peru** nimmt den dritten Platz ein.

**5 a** Bekannt sind die **Osterinseln** durch ihre **monumentalen Tuffsteinfiguren**. Diese Ahnendarstellungen sind zwischen zwei und knapp zehn Metern hoch. Die Osterinseln liegen auf dem Ostpazifischen Rücken im **Südpazifik**. Sie sind wie beinahe alle Pazifik-Inseln vulkanischen Ursprungs. Ihren Namen verdanken sie dem Tag ihrer Entdeckung: Am Ostersonntag 1722 wurden die Osterinseln durch eine niederländische Expedition entdeckt. Seit 1888 gehören die Inseln zu Chile.

# Erde und Weltall
## *Fragen*

**1. Für welche astronomische Annahme ist Nikolaus Kopernikus am besten bekannt?**

   a) Für die Annahme, dass die Planetenbahnen keine Kreise, sondern Ellipsen darstellen
   b) Für das heliozentrische Weltsystem
   c) Für die Ansicht, dass die Erde eine Scheibe ist

**2. Mit welcher mittleren Geschwindigkeit legt die Erde die rund 940 Millionen Kilometer lange Strecke um die Sonne in einem Jahr zurück?**

   a) Mit ca. 30 Kilometern pro Sekunde
   b) Mit ca. 100 Kilometern pro Sekunde
   c) Mit ca. 5 Kilometern pro Sekunde

**3. Wie heißen Meteore im Volksmund?**

   a) Milchstraße
   b) Sternschnuppen
   c) Schneeflocken

**4. Welcher Planet unseres Sonnensystems hat den größten Durchmesser am Äquator?**

   a) Jupiter
   b) Saturn
   c) Uranus

**5. Wer bestieg als Erstes den Mount Everest?**

   a) Edmund Hillary und Tensing Norgay
   b) Reinhold Messner
   c) Raymond Lambert

# Erde und Weltall
## *Antworten*

**1b** Für das **heliozentrische Weltsystem**, das im Unterschied zum **geozentrischen System** nicht die Erde, sondern die Sonne in den Mittelpunkt des Sonnensystems rückt. Dieses oft auch als **kopernikanisches Weltsystem** bezeichnete System legte er in seinem berühmten Werk **„De Revolutionibus Orbium Coelestum"** (Über die Bewegung der Himmelskörper) dar, welches allerdings – aus Furcht vor massivem Widerstand der römischen Kirche – erst kurz vor seinem Tod veröffentlicht wurde. Kopernikus nahm für die Bewegung der Planeten um die Sonne jedoch perfekte Kreisbahnen an. Erst mit **Johannes Kepler** (1571–1630) wurde diese Fehleinschätzung revidiert. Kepler konnte zeigen, dass sich die Planeten nicht kreisförmig, sondern in **Ellipsen** um die Sonne bewegen.

**2a** Diese enorme Strecke wird von der Erde mit einer mittleren Geschwindigkeit von ca. **29,8 Kilometern pro Sekunde** zurückgelegt. Im Laufe dieser Bahn variiert die Erde ihre Geschwindigkeit. In Sonnennähe ist sie größer als die mittlere Geschwindigkeit, in Sonnenferne kleiner.

**3b** **Meteore** sind populär unter dem Namen **Sternschnuppen** bekannt. Diese spektakulären Leuchtspuren im Nachthimmel, die sowohl sporadisch als auch als ganze Schauer in Erscheinung treten können, entstehen durch das Eintreten von kleinsten Teilchen, **Meteoriten**, gewöhnlich nicht größer als ein Sandkorn, in die Erdatmosphäre, wo sie sich durch Reibung erhitzen. So entsteht ein leuchtender Nebel um das Staubkörnchen, den wir gemeinhin als Sternschnuppen bezeichnen.

**4a** **Jupiter** ist mit einem Durchmesser von 142.984 Kilometern der größte unserer Planeten. Danach kommen **Saturn** (120.536 Kilometer), **Uranus** (51.118 Kilometer) und **Neptun** (49.528 km). Unsere Erde steht mit einem Durchmesser von 12.756 Kilometern erst an fünfter Stelle.

**5a** Die erste erfolgreiche Besteigung des **Mount Everest** gelang 1953 durch **Edmund Hillary** und **Tensing Norgay**. Bereits in den Zwanzigerjahren waren einige Expeditionen am Mount Everest gescheitert. **Raymond Lambert** und **Tensing Norgay** scheiterten ein Jahr zuvor gerade mal 230 Meter unterhalb des Gipfels. **Reinhold Messner** gelang 1978 zusammen mit **Peter Habeler** als Erstem der Aufstieg ohne Sauerstoffgerät.

# Erde und Weltall
## *Fragen*

**1. Wann durchläuft die Erde den sonnenfernsten Punkt ihrer elliptischen Umlaufbahn um die Sonne?**

    a) Anfang Juli
    b) Anfang Januar
    c) Anfang Juni

**2. Die Kruste und die oberste Mantelschicht der Erde nennt man auch ...**

    a) ... die Lithosphäre
    b) ... die Asthenosphäre
    c) ... die Stratosphäre

**3. Welcher der folgenden Namen bezeichnet kein Sternbild?**

    a) Großer Bär
    b) Großes Pferd
    c) Kleiner Hund

**4. Welches große naturwissenschaftliche Werk stammt nicht von Galileo Galilei?**

    a) „Dialogo sopra i due Massimi Sistemi del Mondo"
    b) „Discorsi e dimostrazioni matematiche"
    c) „Amalgestum Novum"

**5. In welcher Stadt findet man den Canal Grande?**

    a) Amsterdam
    b) Venedig
    c) Neapel

# Erde und Weltall
## *Antworten*

**1a** Die Erde durchläuft den sonnenfernsten Punkt ihrer Bahn **Anfang Juli**. Die Entfernung zur Sonne beträgt dann 152 Millionen Kilometer. Anfang Januar durchläuft sie ihren sonnennächsten Punkt und ist dann „nur" noch 147 Millionen Kilometer von der Sonne entfernt.

**2a** Die **oberste Mantelschicht** und die **Erdkruste** nennt man auch **Lithosphäre**. Sie ist aus Platten aufgebaut, welche sich auf der darunter liegenden **Asthenosphäre** bewegen. Die **Stratosphäre** findet man in der Atmosphäre unserer Erde in einer Höhe von ca. 18 bis 50 Kilometern.

**3b** Auch wenn es einen Kleinen und Großen **Bären**, einen Kleinen und Großen **Hund** und auch ein **Kleines Pferd** gibt, gibt es dennoch kein Sternbild, das **Großes Pferd** heißt.

**4c** Das **„Amalgestum Novum"**. Dieses umfassende, in der lateinischen Sprache verfasste Werk über die Astronomie der ersten Hälfte des 17. Jahrhunderts stammt nicht von **Galileo Galilei** (1564–1642), sondern von dem großen Astronomen **Giovanni Battista Riccioli** (1598–1671). In diesem Werk spricht sich Riccioli gegen das **kopernikanische System** aus, das die Sonne zum Zentrum des Sonnensystems macht. Er favorisierte die Theorie von **Tycho Brahe** (1546–1601), die besagt, dass sich die Planeten zwar um die Sonne drehen, diese sich aber wiederum um die Erde bewegt. Die beiden anderen Werke stammen von Galilei. Revolutionär an ihnen sind nicht nur ihre Inhalte (der **„Dialogo"** (1632) führte zum Prozess gegen Galilei) sondern auch ihre Form. Statt sich der damals noch üblichen Wissenschaftssprache, nämlich des Lateins, zu bedienen, brachte Galileo die komplexen Zusammenhänge der Astronomie und Physik mit Hilfe der Volkssprache Italienisch zum Ausdruck.

**5b** Das Stadtbild von **Venedig** ist von über 150 Kanälen geprägt. Der Hauptkanal wird Großer Kanal – auf Italienisch **Canal Grande** genannt. In Venedig gibt es keine Straßen. An Stelle von Autos verkehren Motorboote. Venedig ist auf über 100 kleineren Inseln und einigen Hundert Holzpfählen erbaut. Der steigende Meerwasserspiegel droht Venedig zu versenken. Es ist nicht unüblich, dass bei Hochwasser der Markusplatz nur noch auf Laufstegen überquert werden kann.

# Erde und Weltall
## *Fragen*

### 1. Wo lebt der Koala-Bär?

a) In Zentralchina
b) Im Himalaja
c) In Australien

### 2. Wofür steht die Abkürzung WWF?

a) World Wide Fund for Nature
b) Wildlife Watch Foundation
c) World Wildlife Fund

### 3. Wie viele Lichtjahre befindet sich unsere Sonne von dem Zentrum unserer Galaxis entfernt?

a) Ca. 30.000 Lichtjahre
b) Ca. 90.000 Lichtjahre
c) Ca. 100.000 Lichtjahre

### 4. Wodurch entstehen Ebbe und Flut?

a) Durch die Anziehungskraft des Mondes
b) Durch Verdampfung und Regen
c) Durch sich ändernde Winde

### 5. Welcher Planet lief ursprünglich unter der Bezeichnung „Planet X"?

a) Uranus
b) Neptun
c) Pluto

# Erde und Weltall
## *Antworten*

**1c** Der **Koala-Bär** lebt in den Eukalyptuswäldern Ost-Australiens. Er ernährt sich von bestimmten Eukalyptusblättern, die bis zu zwei Drittel Wasser enthalten. Daher braucht dieser Kletterbeutler nichts zu trinken. Durch die Jagd nach seinem Fell ist der Koala vom Aussterben bedroht und steht unter strengem Schutz. Er darf nicht mit den bambusfressenden **Pandas** verwechselt werden. Diese Bärenarten sind im Himalaja (Kleiner Panda) und in Zentralchina (Großer Panda) zu finden.

**2a** Die Abkürzung **WWF** steht für **World Wide Fund for Nature**. Diese 1961 gegründete Organisation führt weltweit Naturschutzprojekte durch. Das Wappentier des WWF ist der vom Aussterben bedrohte Große Panda.

**3a** Unsere Sonne ist rund 30.000 Lichtjahre vom Zentrum unserer Galaxie, der **Milchstraße**, entfernt. Dieses ist jedoch aufgrund dichter Wolken aus interstellarem Staub und Gas nicht zu sehen. Es liegt etwa in Richtung des **Sternbildes des Schützen**. Unsere Sonne befindet sich in einem der **Spiralarme** der Galaxis. Sie umläuft das **galaktische Zentrum** einmal in ca. 200 Millionen Jahren.

**4a** Die Anziehungskraft des Mondes bewirkt die täglichen Gezeiten der Meere. Dabei wölbt sich das Meer symmetrisch am mondnächsten und mondfernsten Punkt der Erde um etwa einen Meter. Die Erde dreht sich nun innerhalb 24 Stunden einmal um sich selbst, während die Wölbung in ihrer Position relativ zum Mond an der selben Stelle bleibt. Dadurch erfährt jeder Punkt des Meeres zweimal am Tag Ebbe und Flut.

**5c** Der Planet **Pluto**. Er ist kleiner als unser Mond und bereits so weit von der Erde entfernt, dass er nur mit Teleskopen zu beobachten ist. Da man Abweichungen in der Bahn des Neptuns entdeckt hatte, vermutete man einen weiteren großen Planeten in unserem Sonnensystem. Fieberhaft machte man sich auf die Suche nach dem Planeten X. Erst mit Hilfe fotografischer Analysen des Nachthimmels konnte **Clyde Tombaugh** den winzigen Planeten ausfindig machen. Wie sich später herausstellte, waren die Abweichungen in Neptuns Umlaufbahn fehlerhafte Berechnungen, aber sie halfen 1930 zur Entdeckung des letzten Planeten unseres Sonnensystems.

# Erde und Weltall
## *Fragen*

### 1. Wo sieht man das Abendrot?

a) Am östlichen Himmel
b) Am westlichen Himmel
c) Am nördlichen Himmel

### 2. Wie heißt das Sternsystem, dem unsere Sonne angehört?

a) Milchstraßensystem
b) Magellansche Wolken
c) Andromedanebel

### 3. Wo finden wir die Tundra?

a) In polaren Zonen
b) In gemäßigten Zonen
c) In tropischen Zonen

### 4. Wie lange braucht der Halleysche Komet, um die Sonne einmal zu umrunden?

a) Ca. 3000 Jahre
b) Ca. 76 Jahre
c) Ca. 500 Jahre

### 5. Welcher Planet unseres Sonnensystems besitzt den kleinsten Durchmesser am Äquator?

a) Merkur
b) Mars
c) Pluto

# Erde und Weltall
## *Antworten*

**1b** Das Abendrot ist nach Sonnenuntergang am westlichen Himmel zu beobachten. Es entsteht durch eine verstärkte Streuung der **kurzwelligen blauen Strahlungsanteile** des Sonnenlichts durch die Atmosphäre, sodass sie in geringerem Anteil den Beobachter erreichen. Die **langwelligen roten Anteile** dagegen werden weniger stark gestreut und treffen daher in größerem Anteil auf den Beobachtenden. Dieses erscheint ihm hauptsächlich in Richtung der untergegangenen Sonne. Entsprechend ist die Morgenröte am östlichen Himmel wahrzunehmen.

**2a** **Milchstraßensystem**. Die beiden **Magellanschen Wolken** und der **Andromedanebel** sind die unserer Milchstraße nächstgelegenen Galaxien, die noch mit bloßem Auge wahrgenommen werden können. Für unsere Galaxis wird eine Spiralform angenommen. Unsere Sonne befindet sich in einer ihrer **Spiralarme**. Sie ist ca. 30.000 Lichtjahre von der Mitte der Milchstraße entfernt.

**3a** Die **Tundra** bezeichnet eine Vegetationsform nördlich der Baumgrenze in polaren Gebieten. Hier taut der Boden nur an der Oberfläche auf. In den kurzen, zwei bis drei Monate dauernden frostfreien Perioden wachsen Gräser, Flechten und Zwergsträucher. Die Tundra findet man insbesondere in **Nord-Sibirien** und **Nordamerika** (Barren Grounds).

**4b** Der **Halleysche Komet** kehrt ca. alle 76 Jahre zur Sonne zurück. Bei seiner Umlaufbahn um die Sonne handelt es sich um eine lang gezogene Ellipse. Der Halleysche Komet wurde nach dem englischen Astronomen **Edmond Halley** (1656–1742) benannt, der diese Umlaufzeit schon damals erkannt und die Wiederkehr des Kometen für 1758 vorausgesagt hatte, was sich auch tatsächlich bewahrheitete. Zuletzt näherte er sich 1986 der Sonne. Seine nächste Rückkehr wird aller Voraussicht nach im Jahre 2061 stattfinden. Aufzeichnungen über diesen Kometen reichen bis ins Jahr 240 v. Chr. zurück.

**5c** Der Planet **Pluto**. Er ist mit 2300 Kilometern Durchmesser der kleinste unserer Planeten. Der zweitkleinste Planet ist **Merkur** mit 4879 Kilometern Durchmesser. An dritter Stelle kommt der **Mars** mit 6794 Kilometern, danach **Venus** (12.104 Kilometer). An fünfter Stelle steht die Erde mit einem Durchmesser von 12.756 Kilometer.

# Erde und Weltall
## *Fragen*

**1. Was macht Schwarze Löcher unsichtbar?**

  a) Deren dunkle Materie
  b) Deren Gravitationskraft
  c) Der Mangel an sichtbaren Lichtwellen

**2. Wie heißt die Stelle auf dem Mond, auf der zum ersten Mal Menschen landeten?**

  a) Meer der Ruhe
  b) Meer der Klarheit
  c) Meer der Gefahren

**3. Wie nennt man von Gletschern angehäuften Gesteinsschutt?**

  a) Muräne
  b) Moräne
  c) Morane

**4. Wie heißt der größte Staat der USA?**

  a) Texas
  b) Kalifornien
  c) Alaska

**5. Die geographische Breite der Erde wird von welchem Breitenkreis aus aufwärts gezählt?**

  a) Vom Wendekreis
  b) Vom Polarkreis
  c) Vom Äquator

# Erde und Weltall
## *Antworten*

**1b** Die **Gravitationskraft** eines **Schwarzen Lochs** ist so stark, dass nicht einmal das Licht ihr entkommen kann. So wie man auf der Erde eine Fluchtgeschwindigkeit von 11,2 Kilometern pro Sekunde benötigt, um ihrer Gravitationskraft zu entfliehen, so reicht bei einem Schwarzen Loch nicht einmal mehr die Lichtgeschwindigkeit, um der gewaltigen Gravitationskraft zu entkommen.

**2a** Die ersten Menschen auf dem Mond, **Neil Armstrong** und **Edwin Aldrin**, landeten 1969 im **Meer der Ruhe** (Mare Tranquillitatis). Dieses Mondmeer ist wie auch das Meer der Klarheit und das Meer der Gefahren von der Erde aus mit bloßem Auge gut erkennbar. **Mondmeere** sind nicht in unserem Sinne zu verstehen, sondern es handelt sich bei ihnen um große Ebenen, die neben dem gebirgigen Festland einen der wesentlichen Oberflächentypen des Mondes darstellen.

**3b** Der von Gletschern angehäufte und transportierte Gesteinsschutt wird als **Moräne** bezeichnet. Nach dem Abschmelzen der Gletscher bleibt die charakteristische Moränenlandschaft zurück. Je nach Lage einer Moräne unterscheidet man zwischen End-, Grund-, Innen-, Mittel- und Seitenmoräne. Dabei wird besonders der Gesteinsschutt der Grundmoräne durch den Gletscher fein gemahlen und gerundet. Die Endmoräne ist geprägt durch den Gesteinsschutt, den der Gletscher vor sich her geschoben hat.

**4c** **Alaska** ist der größte Staat der Vereinigten Staaten von Amerika. Dieser nördlichste Staat der USA besteht zu knapp zwei Dritteln aus Wäldern. Neben Holz- und Papierproduktion werden Erdöl und Erdgas gefördert. Alaska zählt zu den Staaten mit den wenigsten Einwohnern. Rund ein Sechstel der Einwohner sind Eskimos und Indianer. Der zweitgrößte Staat ist **Texas**. An dritter Stelle kommt **Kalifornien**. Kalifornien zählt mit 31 Millionen die meisten Einwohner.

**5c** Die **geographische Breite** der Erde wird vom **Äquator** aus in Richtung der Pole aufwärts gezählt. Man beginnt mit 0 Grad beim Äquator und endet bei den beiden Polen mit 90 Grad südlicher bzw. nördlicher Breite.

# Erde und Weltall
## *Fragen*

**1.** Welcher italienische Astronom, der ein konsequenter Verfechter des kopernikanischen Weltsystems war, musste seine astronomischen Theorien 1633 widerrufen?

　　a) Nikolaus Kopernikus
　　b) Johannes Kepler
　　c) Galileo Galilei

**2.** Welcher der folgenden Planeten besitzt die größte Masse?

　　a) Uranus
　　b) Pluto
　　c) Jupiter

**3. Was ist ein Asteroid?**

　　a) Ein pulsierender veränderlicher Stern
　　b) Ein Kleinplanet ohne Eigenaktivität
　　c) Eine Maßeinheit für die Entfernungen im Sonnensystem

**4. Was verzeichnet die Rote Liste?**

　　a) Verbotene Pflanzenschutzmittel
　　b) Bedrohte Tier- und Pflanzenarten
　　c) Verschmutzte Seen und Gewässer

**5. Wo liegt die Seidenstraße?**

　　a) In Frankreich
　　b) In Italien
　　c) In Zentralasien

# Erde und Weltall
## *Antworten*

**1c** **Galileo Galilei** (1564–1642). Seine eigenen Beobachtungen bestätigten das von **Kopernikus** (1473–1543) begründete Weltsystem, dass sich die Sonne und nicht die Erde im Zentrum des Sonnensystems befindet. Als eifriger und kompromissloser Vertreter seiner Theorien stieß er bald auf erheblichen Widerstand der Kirche. 1616 verbot man ihm, das kopernikanische System weiter zu lehren. Nach der Erscheinung seines großen Werkes **„Dialogo sopra i due Massimi Sistemi del Mondo"** wurde er von Rom zu einem Widerruf seiner Theorien regelrecht gezwungen, man verbot seine Bücher und stellte ihn selbst unter Hausarrest. Auch Kepler (1571–1630) war von dem kopernikanischen System überzeugt. Seine Entdeckung, dass sich die Planeten nicht in Kreisen, sondern in **Ellipsen** um die Sonne bewegen, spielte eine entscheidende Rolle in dem Prozess, dem kopernikanischen System zum Durchbruch zu verhelfen.

**2c** **Jupiter**. Seine Masse ist etwa 318-mal so groß wie diejenige der Erde, während die von **Uranus** nur ca. 15-mal größer ist und Plutos Masse gar nur zwei Promille der Erdmasse ausmacht.

**3b** **Asteroiden**, auch Planetoiden genannt, sind kleine „tote" Planeten aus Gesteinen und Eis. Meistens sind sie recht unregelmäßig geformt. Sie treten gehäuft zwischen den Bahnen von **Mars** und **Jupiter** auf. Manchmal führen sie auch einen kleinen Mond mit sich, wie etwa der Kleinplanet Ida (52 Kilometer Durchmesser), dessen ständiger Begleiter den Namen Dactyl erhalten hat.

**4b** Die **Rote Liste** ist eine Zusammenstellung bedrohter Tier- und Pflanzenarten. Diese in Deutschland geführte Liste wurde von dem internationalen **Red Data Book** abgeleitet. Auf der Roten Liste werden Tiere verzeichnet, die entweder bereits ausgestorben sind oder vom Aussterben bedroht sind.

**5c** Die **Seidenstraße** ist eine der längsten und ältesten Handelsrouten in **Zentralasien**. Über sie gelangte insbesondere Seide, aber auch zahlreiche andere Güter aus dem Fernen Osten in die Mittelmeerländer. Die Handelswege der Seidenstraße wurden bereits im 2. Jahrhundert v. Chr. benutzt.

# Erde und Weltall
## *Fragen*

**1. Woher kommt der Name Vatikanstadt?**

a) Von dem Gründerpapst
b) Von einem Nebenfluss des Tibers
c) Von einem Hügel

**2. Was hörten die Anwohner der Niagarafälle am 29. März 1848?**

a) Ein Erdbeben
b) Nichts
c) Eine gewaltige Flutwelle

**3. Was für einen Durchmesser hat unser Erdkern ungefähr?**

a) Einen Durchmesser von ca. 700 Kilometern
b) Einen Durchmesser von ca. 7000 Kilometern
c) Einen Durchmesser von ca. 70.000 Kilometern

**4. Was entdeckte Johannes Kepler?**

a) Die Sonne als Mittelpunkt unseres Sonnensystems
b) Dass der Mond um die Erde kreist
c) Die elliptischen Planetenbahnen

**5. Woher kommt der Kaffee?**

a) Kolumbien
b) Brasilien
c) Äthiopien

# Erde und Weltall
## *Antworten*

**1c** Die **Vatikanstadt** ist nach dem römischen Hügel **Monte Vaticano** benannt. Die Vatikanstadt ist ein selbstständiges päpstliches Staatsgebiet innerhalb der Stadt Rom und mit knapp 1000 Einwohnern der kleinste Staat der Welt. Das Staatsoberhaupt und zugleich Inhaber der legislativen, exekutiven und judikativen Gewalt ist der Papst. Neben dem Vatikan, der Residenz des Papstes, gehören **Peterskirche** und **Petersplatz** zu den bekanntesten Bauwerken der Vatikanstadt.

**2b** Sie hörten nichts. Das sonst laute Getöse der riesigen Wasserfälle war verstummt. Wie sich herausstellte, war der Zufluss des Niagaraflusses durch Eisschollen blockiert, sodass kein Wasser mehr aus dem **Eriesee** in den Niagarafluss gelangte. Ansonsten verbinden die Niagarafälle bei einer Höhe von rund 50 Metern und einer Breite von 350 und 790 Metern (**American** und **Horseshoe Falls**) den Eriesee und den **Ontariosee**.

**3b** Unser **Erdkern** hat einen Durchmesser von etwa **7000 Kilometern**. Über seinen genauen Aufbau kann man noch nicht viel sagen, da er derjenige Teil unseres Erdinnern ist, der sich am schwersten untersuchen lässt. Es sind mehrere Theorien über seinen Aufbau im Umlauf, wie etwa diejenige, die besagt, dass er sich aus Nickel und Eisen zusammensetzt.

**4c** **Johannes Kepler** (1571–1630) entdeckte die **elliptischen Planetenbahnen** und stellte die **drei Gesetze der Planetenbewegung** auf: 1. Die Planeten kreisen auf elliptischen Bahnen um die Sonne, dabei befindet sich die Sonne in einem der beiden Brennpunkte der Ellipse. 2. Die gedachte Linie von Sonne zum Planeten überstreicht in gleichen Zeiten gleiche Flächen. 3. Die Beziehung zwischen dem Abstand eines Planeten zur Sonne und dessen Umlaufgeschwindigkeit.

**5c** Der **Kaffee** wird aus gerösteten und gemahlenen Samen des Kaffeestrauchs zubereitet. Dieser stammt ursprünglich aus Afrika. Heute wird der Kaffeestrauch in allen tropischen Ländern kultiviert. Dabei deckt **Brasilien** jedoch gut ein Viertel des weltweiten Rohkaffee-Bedarfs ab. Kolumbien ist mit 15 % der zweitgrößte Kaffeeproduzent. Äthiopien, das eigentliche Ursprungsland des Kaffeestrauchs kommt auf 2–3 %.

# Erde und Weltall
## *Fragen*

**1. Welche Theorie vertrat der dänische Astronom Tycho Brahe (1546–1601) mit einer eisernen Ausdauer?**

- a) Die Erde dreht sich um die Sonne
- b) Die Sonne dreht sich um die Erde
- c) Die Planeten drehen sich um die Erde und nicht um die Sonne

**2. Wo steht die Europabrücke?**

- a) In Österreich
- b) In Italien
- c) In der Schweiz

**3. Wo finden wir in Deutschland einen erloschenen Vulkan?**

- a) Schwarzwald
- b) Bayrischer Wald
- c) Thüringer Wald

**4. Was bezeichnet man auch als die „Leuchtfeuer des Weltalls"?**

- a) Die Polarlichter
- b) Die Cepheiden-Sterne
- c) Meteore

**5. Wie heißt der höchste Berg Japans?**

- a) Shikoku
- b) Fudschijama
- c) Honshu

# Erde und Weltall
## *Antworten*

**1 b** **Brahe** war sein ganzes Leben lang der festen Überzeugung, dass sich die Sonne um die Erde bewegt. Obwohl er der Auffassung war, dass die Planeten die Sonne umrundeten, lehnte er dennoch das **kopernikanische Weltbild**, das die Sonne zum Mittelpunkt des Sonnensystems macht, strikt ab. Für ihn bewegten sich die Planeten zwar um die Sonne, diese jedoch sollte wiederum um die Erde kreisen. In seinem Glauben an die Erde als Mittelpunkt des Sonnensystems war er bis zu seinem Tod unerschütterlich.

**2 a** Die **Europabrücke** finden wir im Silltal in Österreich, südlich von Innsbruck. Wir überfahren sie auf unserer Fahrt von Innsbruck nach Bozen auf der A15 (E45). Die Brücke wurde in den Jahren 1959–63 erbaut und hat eine Länge von über 780 Metern. Ihre größten Pfeiler sind knapp 200 Meter hoch.

**3 a** Der **Kaiserstuhl**, südwestlich vom Schwarzwald ist ein Gebirgsstock vulkanischen Ursprungs. Auf dem erloschenen Vulkan wird Wein- und Obstanbau betrieben. In Europa findet man noch viele tätige Vulkane. Insbesondere in Italien ist der **Ätna**, der **Vesuv** und der **Stromboli** zu nennen.

**4 b** Es sind die **Cepheiden**-Sterne, eine Gruppe von pulsierenden veränderlichen Sternen, die man auch unter dem Namen „Leuchtfeuer des Weltalls" kennt. Diese Sterne von einer besonders hohen Leuchtkraft verändern periodisch ihren Radius und damit auch ihre Helligkeit. Typisch für die Cepheiden sind „Aufbläh"-Perioden von einem bis zu fünfzig Tagen. **Polarlichter** sind die Leuchterscheinungen in den Polargebieten, auch unter Nordlicht bzw. Südlicht bekannt. **Meteore** sind die im Volksmund als Sternschnuppen bezeichneten Leuchtspuren kleiner Teilchen, die in die Erdatmosphäre eindringen, sich erhitzen und die Luft um sie herum zum Leuchten bringen.

**5 b** Der **Fudschijama** ist ein Vulkan und mit 3776 Metern der höchste Berg Japans. Zuletzt ist er 1707 ausgebrochen. Er ist von Japans Hauptstadt Tokio nur rund 120 Kilometer entfernt. Die Japaner sehen ihn als heiligen Ort an. **Honshu** und **Shikoku** gehören zusammen mit **Hokkaido** und **Kyushu** zu den vier Hauptinseln Japans.

# Erde und Weltall

## *Fragen*

**1. Wie hieß die letzte Eiszeit?**

   a) Würmeiszeit
   b) Rißeiszeit
   c) Günzeiszeit

**2. Welcher Komet hat eine Umlaufzeit um die Sonne von ca. 3000 Jahren?**

   a) Der Halleysche Komet
   b) Hale-Bopp
   c) Tempel-Swift

**3. Seit welchem Jahr ist die Insel Zypern geteilt?**

   a) 1923
   b) 1960
   c) 1975

**4. Aus Gas bestehende „Wolken" im interstellaren Raum sieht man in der Nähe heißer Sterne als:**

   a) Leuchtenden Emissionsnebel
   b) Reflexionsnebel
   c) Dunkelnebel

**5. Wer ist der Großvenediger?**

   a) Ein Berggipfel
   b) Ein See
   c) Ein Gebirgspass

# Erde und Weltall
## *Antworten*

**1a** Die letzte Eiszeit, die so genannte **Würmeiszeit** endete vor ca. 11.000 Jahren. Betroffen waren insbesondere Europa, Nord-Amerika und West-Sibirien. So reichte das Eis in Europa bis zu den Mittelgebirgen. Die ersten Wälder fanden erst südlich der Alpen ihren Lebensraum. Die **Rißeiszeit** war vor etwa 200.000 Jahren und die **Günzeiszeit** vor ca. 600.000 Jahren.

**2b** **Hale-Bopp**. Er wurde von den Amateurastronomen Hale und Bopp am 23. Juli 1995 entdeckt. Im März 1997 näherte er sich der Erde bis auf 197 Millionen Kilometer. Der **Halleysche Komet**, nach dem englischen Astronomen **Edmond Halley** (1656–1742) benannt, hat eine Periode von ca. 76 Jahren, der **Tempel-Swift Komet** eine Periode von 5,7 Jahren. Kometen tragen im Allgemeinen die Namen ihrer Entdecker oder derjenigen Personen, die ihre Bahn berechnen.

**3c** 1975. Nach dem Ersten Weltkrieg wurde **Zypern** von Großbritannien annektiert. 1923 wurde dies von Griechenland und der Türkei akzeptiert und Zypern damit zur offiziellen Kronkolonie. 1960 wurde Zypern als unabhängige Republik erklärt und trennte sich von der englischen Kolonialmacht. Der Staatspräsident Makarios (griechischer Herkunft) versuchte die türkische Minderheit zu unterdrücken. Als Folge seines Putsches von 1974 rückten türkische Truppen in den Norden Zyperns. 1975 wurde der türkisch besetzte Norden als Türkischer Föderationsstaat von Zypern erklärt.

**4a** Nahe heißer Sterne ionisieren sich Gaswolken und sind als intensiv leuchtende **Emissionsnebel** zu beobachten. Sie strahlen vor allem im roten Bereich des Spektrums. Ein **Reflexionsnebel** ist dann zu sehen, wenn „Wolken" aus Staubpartikeln sich in der unmittelbaren Nachbarschaft – auch etwas weniger heißer – Sterne befinden und das Licht streuen. Dieses gestreute Licht erscheint vor allem im blauen Bereich des Spektrums. **Dunkelnebel** wird von Staubwolken gebildet, welche sich fernab von Sternen befinden und das Licht dieser entfernten Sterne absorbieren.

**5a** Der Großvenediger ist der höchste **Berggipfel** der Venedigergruppe. Er ist 3666 Meter hoch. Die Venedigergruppe ist der am stärksten vergletscherte Teil des **Hohen Tauern** in Österreich.

# Erde und Weltall
## *Fragen*

**1. Wie hieß die erste russische Raumfahrtpionierin?**

   a) Laika
   b) Ham
   c) Juri

**2. Welche „Straße" trennt Russland und die USA?**

   a) Bering Straße
   b) Straße von Gibraltar
   c) Davisstraße

**3. Unsere Galaxie, die Milchstraße, ist wiederum Teil einer größeren Gruppe von Sternsystemen. Wie heißt diese?**

   a) Große Gruppe
   b) Lokale Gruppe
   c) Andromedanebel

**4. In welchem Sternbild befindet sich die Kleine Magellansche Wolke?**

   a) Im Sternbild Tucana
   b) Im Sternbild Dorado
   c) Im Sternbild Andromeda

**5. Welchem Vulkan fielen im Jahre 79 n.Chr. die Städte Pompeji und Herculaneum zum Opfer?**

   a) Ätna
   b) Vesuv
   c) Fossa

# Erde und Weltall
## *Antworten*

**1a** Bevor **Juri Gagarin** als erster Mensch in den Weltraum geschossen wurde, startete die russische Eskimohündin **Laika** in den Weltraum. Nach Laikas erfolgreicher Mission stand dem ersten bemannten Raumflug nichts mehr im Wege. Der Amerikanische Weltraumpionier war der Schimpanse **Ham**.

**2a** Die **Bering Straße** trennt Russland (Tschukschen) und die USA (Alaska). Sie liegt zwischen dem asiatischen und dem nord-amerikanischen Kontinent. Die **Straße von Gibraltar** befindet sich zwischen Süd-Spanien und Nord-Afrika. Die **Davisstraße** liegt zwischen Ost-Kanada (Cumberland Peninsula) und West-Grönland.

**3b** Die **Milchstraße**, das Sternsystem, dem neben unserer Sonne viele weitere hundert Milliarden Sterne angehören, gehört zum Obersystem **Lokale Gruppe**. Über 30 weitere Galaxien sind in ihr zu entdecken, alle assoziiert durch die **Gravitation**. Die größeren Systeme, in denen sich Einzelgalaxien in der Regel zusammenschließen, können bis zu Tausenden von Mitgliedern haben. Der **Andromedanebel**, gerade noch mit bloßem Auge zu erkennen, ist selbst Mitglied der Lokalen Gruppe. Von unserer Milchstraße hat er eine Entfernung von ca. zwei Millionen Lichtjahren.

**4a** Die **Kleine Magellansche Wolke** befindet sich in Richtung des **Sternbildes Tucana**. Sie hat eine Entfernung zur Erde von ca. 185.000 Lichtjahren und kann von der Erde aus mit bloßem Auge noch erkannt werden. Im **Sternbild Andromeda** liegt die gleichnamige Galaxie **Andromeda**. In den **Sternbildern Dorado** und **Mensa** befindet sich die **Große Magellansche Wolke** mit einer Entfernung von ca. 160.000 Lichtjahren zur Erde.

**5b** Der **Vesuv** überraschte die Bewohner der umliegenden römischen Städte im Jahre 79 n. Chr. mit einem starken Ausbruch. Dabei hatte die Gegend erst 16 Jahre zuvor ein schweres Erdbeben heimgesucht, und viele Gebäude waren gerade wieder aufgebaut worden. Die beiden Städte wurden durch den Vulkanausbruch vollständig verschüttet. 1860 begann man sie systematisch wieder auszugraben. Dabei überrascht, wie gut die Gebäude erhalten wurden. **Pompeji** und **Herculaneum** bieten einen interessanten Einblick in das Leben der Römer vor 2000 Jahren.

# Erde und Weltall
## *Fragen*

**1. Welche Annahme ist richtig?**

    a) Die Erde ist der Mittelpunkt des Universums, von dem alle Galaxienhaufen wegstreben.
    b) Die Galaxienhaufen scheinen sich umso schneller von unserem Milchstraßensystem zu entfernen, je weiter sie entfernt sind.
    c) Je weiter die Galaxienhaufen von unserer Milchstraße entfernt liegen, umso langsamer scheinen sie sich zu entfernen.

**2. Für was steht die Abkürzung NASA?**

    a) Northern Aeronautics and Space Agency
    b) National Aeronautics and Space Administration
    c) North Atlantic Space Administration

**3. Was versteht man unter einer Agglomeration?**

    a) Verstädterung
    b) Versteinerung
    c) Verschiebung

**4. Wie heißt der höchste Berg der Welt?**

    a) Kangchendzönga
    b) K2
    c) Mount Everest

**5. Wodurch entstand das Nördlinger Ries?**

    a) Durch einen Meteoriteneinschlag
    b) Durch tektonische Verwerfungen der Erdkruste
    c) Durch ein gewaltiges Erdbeben

# Erde und Weltall

## *Antworten*

**1b** Die Galaxienhaufen scheinen umso schneller vom Milchstraßensystem fortzustreben, je größer ihre Entfernung ist. Nach dem berühmten amerikanischen Astronomen **Edwin Hubble** (1889–1953) besteht zwischen der Fluchtgeschwindigkeit v und der Entfernung r eines Galaxienhaufens die lineare Beziehung: v = H x r, wobei H für die **Hubble-Konstante** steht. Auch wenn es von der Erde aus betrachtet den Anschein hat, dass sich die ferneren Galaxienhaufen rasch von uns fortbewegen, bedeutet dies auf keinen Fall, dass sich die Erde im Zentrum des uns bekannten Universums befindet. Die Expansion ist in Wirklichkeit im ganzen Universum in der Regel die gleiche. Man kann nicht von einem bevorzugten Zentrum ausgehen.

**2b** **NASA** ist die Abkürzung für **National Aeronautics and Space Administration**, die zivile Luft- und Raumfahrtbehörde der USA. Ihren Sitz hat sie in Washington, gegründet wurde sie 1958. Schwerpunkte ihrer Tätigkeit und Forschung sind Raumfahrtprogramme, wie die **bemannte Mondlandung** und **bemannte Raumstationen**. Auch das berühmte **Hubble-Weltraumteleskop**, das seit 1990 unsere Erde umrundet ist eines der Projekte der NASA.

**3a** Unter **Agglomeration** versteht man die Ausdehnung von Städten zu **Ballungsräumen**. So handelt es sich bei dem Ballungsraum Mexiko City um die größte städtische Agglomeration der Welt mit rund 20 Millionen Einwohnern. Die zweitgrößte Agglomeration findet man in Japan: Tokio und Umgebung weist um die 18 Millionen Einwohner auf.

**4c** Die höchsten Berge der Welt finden wir im Himalaja. Von den zehn Achttausendern dieses Gebirgssystems ist der **Mount Everest** der höchste. Mit 8846 Metern ist er der höchste Berg der Welt. Der **K2** ist mit 8607 Metern der zweit- und der **Kangchendzönga** (8586 Meter) der dritthöchste Berg.

**5a** Das Nördlinger Ries ist ein fast kreisrundes, fruchtbares Becken, das durch den **Einschlag eines Meteoriten** vor ca. 14,8 Millionen Jahren entstanden ist. Der entstandene Krater hat einen Durchmesser von 20 bis 24 Kilometern. Neben der auffälligen geologischen Form zeugen auch Aufschmelzungen von dem gewaltigen Druck des Impakts.

# Erde und Weltall
## *Fragen*

### 1. Wo befindet sich das Ozonloch?

a) Über Australien
b) Über der Antarktis
c) Über der Arktis

### 2. Wie heißt der höchste tätige Vulkan der Welt?

a) Cotopaxi
b) Popocatepetl
c) Ätna

### 3. Was ist die Oortsche Wolke?

a) Die „Geburtsstätte der Kometen"
b) Eine Milchstraßen ähnliche Galaxie
c) Die Gaswolke während der Geburt eines Sternes

### 4. Was bezeichnet das heliozentrische Weltsystem?

a) Die Planeten kreisen um die Sonne, die Sonne aber um die Erde
b) Die Sonne und alle Planeten kreisen um die Erde
c) Die Erde kreist wie alle anderen Planeten um die Sonne

### 5. Was bedeutet das Wort Planet?

a) Der Leuchtende
b) Der Erleuchtete
c) Der Wanderer

# Erde und Weltall
## *Antworten*

**1b** Das **Ozonloch** bezeichnet die über der **Antarktis** stark beschädigte Ozonschicht der Erdatmosphäre. Die Ozonschicht schützt die Erde vor zu starker UV-Strahlung der Sonne. Die Zerstörung der Ozonschicht ist in erster Linie auf den hohen Ausstoß von Fluorchlorkohlenwasserstoffen (FCKW) der Industrieländer zurückzuführen. Auch in den Regionen um die Antarktis hat der Ozongehalt unserer Atmosphäre bereits stark abgenommen. Insbesondere **Australien** und **Neuseeland** sind von den Folgen des Ozonlochs betroffen. So hat dort die Hautkrebsrate aufgrund der erhöhten UV-Strahlung in den letzten Jahren erheblich zugenommen.

**2a** Der **Cotopaxi** in **Ecuador** gilt mit seinen 5897 Metern als der höchste Vulkan der Erde. Sein letzter größerer Ausbruch war 1928. Der Popocatepetl in Mexico zählt mit 5452 Metern ebenfalls zu den höchsten tätigen Vulkanen. Seine Nähe zur Stadt Mexiko und seine verstärkte vulkanische Aktivität Ende 2000 hat zu Massenevakuierungen geführt. Der Ätna ist mit 3323 Metern der höchste Vulkan Europas. Die Höhe von Vulkanen ist starken Schwankungen unterlegen, da einerseits ein Ausbruch ganze Vulkangipfel zerbersten kann und andererseits die stetige vulkanische Tätigkeit einen Vulkan wachsen lässt.

**3a** Die **Oortsche Wolke** wird als die **Geburtsstätte der Kometen** angesehen. Diese Wolke am Rande unseres Sonnensystems besteht aus unzählig vielen Kometen, die 40.000 mal so weit von der Sonne entfernt sind, wie die Erde. Kometen können von der Sonne angezogen aus dieser Wolke gerissen werden und in einer elliptischen Umlaufbahn um die Sonne wandern.

**4c** **Helios** war in der griechischen Mythologie der Sonnengott. Im **heliozentrischen Weltsystem** kreist die Erde wie alle anderen Planeten unseres Sonnensystems um die Sonne. Dagegen steht das **geozentrische Weltsystem**, das die Erde im Mittelpunkt sieht.

**5c** Das Wort Planet kommt von dem griechischen Planetos und bedeutet **der Wanderer**. In der Antike erkannte man bereits, dass im Gegensatz zu den anderen Sternen, Planeten nicht in festen Konstellationen am Himmel standen, sondern sich Nacht für Nacht ein kleines Stück am Firmament weiter bewegten.

# Erde und Weltall
## *Fragen*

1. **Wie nennt man die Erscheinung, bei der die Sonne auch um Mitternacht noch über dem Horizont zu sehen ist?**

    a) Polarnacht
    b) Nordlicht
    c) Polartag

2. **Bei der scheinbaren Wanderung der Sonne durch die Tierkreiszone am Himmel spricht man auch von ...**

    a) ... Ekliptik
    b) ... Tierkreiswanderung
    c) ... Sonnenumlauf

3. **Das Wirkungssystem zwischen verschiedenartigen Lebewesen und ihrem Lebensraum heißt ...**

    a) ... System-Ökologie
    b) ... Ökosystem
    c) ... ökologische Nische

4. **Welches ist das längste Bauwerk der Erde?**

    a) Chinesische Mauer
    b) Chinesischer Kaiserpalast
    c) Das Aquädukt vom Pont du Gard

5. **Wie viele Ozeane gibt es auf der Erde?**

    a) Drei
    b) Vier
    c) Sieben

# Erde und Weltall
## *Antworten*

**1c** In den Polargebieten kann die Sonne aufgrund der Schiefe der **Ekliptik** in den Sommermonaten auch noch um Mitternacht gesehen werden. Sie bleibt also länger als 24 Stunden über dem Horizont. Diese Erscheinung nennt man **Polartag** bzw. **Mitternachtssonne**.

**2a** Aufgrund der jährlichen Erdbewegung um die Sonne ergibt sich diese scheinbare Sonnenwanderung am Himmel. Da sie durch den **Tierkreisgürtel** verläuft, in dessen Mitte sich die **Ekliptik** durchzieht, spricht man bei dieser Scheinbahn auch von Ekliptik; die betroffenen Tierkreissternbildern nennt man daher auch **Ekliptiksternbilder**.

**3b** Dieses komplexe Zusammenspiel von verschiedenartigen Lebewesen und ihrem Lebensraum wird **Ökosystem** genannt. Man unterscheidet **Produzenten**, **Reduzenten** und **Konsumenten**. Die natürlichen Ökosysteme befinden sich normalerweise in einem **dynamischen Gleichgewicht**, solange nicht einzelne Komponenten massiv verändert werden.

**4a** Die **Chinesische Mauer** wurde von Kaiser Shi Huangdi etwa 220 v. Chr. zum Schutz gegen nördliche Grenzvölker errichtet. Ihre letzte Ausbaustufe erhielt sie in der Ming-Dynastie im 15. Jahrhundert. In ihrer heutigen Ausdehnung umfasst sie 7200 Kilometer. Sie ist etwa sieben Meter breit und 6–16 Meter hoch. Alle dreihundert Meter befindet sich ein Wachturm. Es wird allgemein angenommen, dass die Chinesische Mauer das einzige Bauwerk auf der Erde sei, das man vom Mond aus sehen kann. Aber weder vom Mond noch von einer erdnahen Umlaufbahn aus ist sie zu erkennen.

**5a** Es werden drei Ozeane unterschieden: Der Atlantische, Pazifische und Indische Ozean. Wir finden den **Atlantischen Ozean** zwischen Europa/Afrika und Nord-/Südamerika. Der **Pazifische Ozean** liegt zwischen Asien/Australien und Nord/Südamerika. Der **Indische Ozean** erstreckt sich von Asien/Afrika bis zur Antarktis. Tatsächlich bilden alle drei Ozeane eine zusammenhängende Wassermasse, sie werden also nur aufgrund ihrer geographischen Lage benannt.

# Erde und Weltall
## *Fragen*

**1. Wie weit liegt der Andromedanebel von unserer Galaxie, der Milchstraße entfernt?**

a) ca. 100.000 Lichtjahre
b) ca. 185.000 Lichtjahre
c) ca. 2 Millionen Lichtjahre

**2. Wie wird die Endphase eines Sterns bezeichnet?**

a) Roter Riese
b) Weißer Zwerg
c) Blauer Riese

**3. Wer reiste als Erstes um die ganze Welt?**

a) James Cook
b) Fernando de Magallanes
c) Heinrich der Seefahrer

**4. Wie ist die rund 1,8 km tiefe Schlucht des Grand Canyon entstanden?**

a) Durch den Colorado River
b) Durch tektonische Verschiebung
c) Durch ein Erdbeben

**5. Wie nennt man die Südspitze Afrikas?**

a) Kap Verde
b) Kap der Guten Hoffnung
c) Nadelkap

# Erde und Weltall
## *Antworten*

**1c** Der **Andromedanebel**, den man von der Erde aus mit bloßem Auge gerade noch als undeutlichen Lichtfleck erkennen kann, ist ca. 2 Millionen Lichtjahre von der **Milchstraße** entfernt. Das spiralförmige Sternsystem liegt in Richtung des Sternbildes Andromeda. Es hat einen Durchmesser von ca. 100.000 Lichtjahren. Den Andromedanebel begleiten drei **kugelförmige Zwerggalaxien**. 160.000 und 185.000 Lichtjahre repräsentieren die Entfernungen der beiden nächsten Galaxien, der Großen und Kleinen **Magellanschen Wolke**, zu unserer Erde.

**2b** Die Endphase eines sonnenähnlichen Sterns wird als **Weißer Zwerg** bezeichnet. In dieser Phase hat der Stern alle Wasserstoffvorräte verbraucht und die Kernfusion hat sich eingestellt. Zuvor hatte sich der Stern zu einem **Roten Riesen** aufgebläht. Dabei entfernten sich die äußeren Schichten und zurückgeblieben ist nur der heiße Kern. Der heiße Kern wird aufgrund seiner gespeicherten Wärmeenergie noch für einige Milliarden Jahre leuchten, bis er vollends auskühlt und erlischt.

**3b** **Fernando de Magallanes** glaubte an die Existenz einer Südwestpassage, die den Atlantischen und den Pazifischen Ozean verbindet. Mit dem Vorsatz diese zu finden, machte er sich mit fünf Schiffen 1519 auf die Reise nach Südamerika. Über ein Jahr später durchquerte Magallanes die Passage zwischen Südamerika und den Inseln von Feuerland, die seitdem Straße von Magellan heißt. Schließlich erreichte nach 1100 Tagen eines der fünf Schiffe, die Victoria Spanien. Von den 265 Seeleuten starben 247 auf der Reise – unter ihnen auch Magallanes selber.

**4a** Der Grand Canyon wurde durch den **Colorado River** in das Coloradoplateau eingeschnitten. Diese bis zu 1,8 Kilometer tiefe und rund 350 Kilometer lange Schlucht ist das Ergebnis eines Jahrmillionen langen Auswaschprozesses.

**5b** Unter der Südspitze Afrikas verstehen wir im Allgemeinen das **Kap der Guten Hoffnung**. Dieser Felsvorsprung südlich von **Kapstadt** ragt 256 Meter über den Meeresspiegel und weist den Seefahrern den Weg vom Südatlantik in den Indischen Ozean. Tatsächlich ist die südlichste Stelle Afrikas jedoch das **Nadelkap** (Kap Algulhas). **Kap Verde** ist ein kleiner Inselstaat im Westen Afrikas.

# Erde und Weltall
## *Fragen*

### 1. Was für ein Sternsystem ist die Kleine Magellansche Wolke?

    a) Ein irreguläres Sternsystem
    b) Eine spiralförmige Galaxie
    c) Eine elliptische Galaxie

### 2. Welches Ereignis erschütterte 1908 die sibirische Taiga?

    a) Die Explosion eines Meteoriten
    b) Der Abwurf einer Atombombe
    c) Ein Erdbeben

### 3. Welche Zone befindet sich zwischen den Wendekreisen und den Polarkreisen?

    a) Die tropische Zone
    b) Die gemäßigte Zone
    c) Die Polarzone

### 4. Wie bezeichnet man die warme Meeresströmung im Nordatlantik?

    a) Nordatlantischer Strom
    b) Golfstrom
    c) Floridastrom

### 5. Was ist das Äquinoktium?

    a) Tagundnachtgleiche
    b) Planetengleichung
    c) Zeitalter der Erdgeschichte

# Erde und Weltall
## *Antworten*

**1a** Die **Kleine Magellansche Wolke**, die man von der Erde aus noch mit bloßem Auge erkennen kann, ist eine Galaxie von unregelmäßiger Form, also **ein irreguläres Sternsystem**, dem eine deutlich ausgeprägte Symmetrieebene fehlt. Für das Sternsystem, dem unsere Sonne angehört, also der Milchstraße, wird eine **Spiralstruktur** angenommen. Das beobachtbare Universum wird von vielen Milliarden Galaxien in den unterschiedlichsten Formen geschmückt. So unterscheidet man weiter **linsenförmige, elliptische Sternsysteme** und **Balkenspiralen** mit einem den Kern durchschneidenden Balken, an dessen Enden erst die **Spiralarme** ansetzen.

**2a** Am **30. Juni 1908** erschütterte die Explosion eines **40.000 Tonnen schweren Meteoriten** die sibirische Taiga. Der Meteorit wurde durch die Gravitationskraft der Erde zerrissen und explodierte in fünf bis zehn Kilometern Höhe. Die Explosion hatte die Ausmaße einer Atombombenexplosion: Im Umkreis von einigen Hundert Kilometern wurden Bäume wie Streichhölzer umgeblasen, Wasser von Seen und Flüssen wurde in die Atmosphäre geschleudert.

**3b** Zwischen den beiden **Wendekreisen** (um 23 Grad und 27 Minuten nördlich und südlich vom Äquator befindliche **Breitenkreise**) und den **Polarkreisen** (Breitenkreise in 66 Grad und 33 Minuten südlicher und nördlicher Breite) befinden sich die **gemäßigten Zonen**. Die Polarkreise bilden die Grenzlinien zu den an sie anschließenden **Polarzonen** und die Wendekreise zu den **Tropen**.

**4b** Der **Golfstrom** ist eine starke Meeresströmung im Nordatlantik. Er transportiert warmes Wasser von der **Floridastraße** in den Nordatlantik und hat damit großen Einfluss auf das Klima in Westeuropa. So würde das Versiegen des Golfstromes zu deutlich niedrigeren Temperaturen in Europa führen. Der Golfstrom hat seinen Ursprung im **Floridastrom** und setzt sich in dem **Nordatlantischen Strom** fort.

**5a** **Äquinoktium** ist der Fachbegriff für **Tagundnachtgleiche**. Sie tritt ein, wenn die Sonne den **Äquator** von Norden nach Süden oder umgekehrt überkreuzt. Diese Zeitpunkte werden auch Frühlings- oder Herbstäquinoktium genannt und fallen auf den Frühlingsanfang (21. März) bzw. Herbstanfang (23. September).

# Erde und Weltall
## *Fragen*

**1. Wodurch entstehen die Jahreszeiten?**

    a) Durch den sich ändernden Sonnenabstand
    b) Durch die Neigung der Erde
    c) Durch das Wetter

**2. Wie hieß der Marsroboter, der 1997 von der Marsoberfläche Aufnahmen zur Erde sandte und Gesteinsproben untersuchte?**

    a) Sojourner
    b) Surveyor
    c) Pathfinder

**3. Nicht nur die Atmosphäre, sondern auch ein weitere Eigenschaft unserer Erde schützt uns vor der Sonne, welche?**

    a) Das Magnetfeld der Erde
    b) Die Kugelform
    c) Die Eigenrotation

**4. Welcher Nachbarplanet ist bekannt durch seinen rätselhaften roten Fleck?**

    a) Mars
    b) Venus
    c) Jupiter

**5. Welcher der folgenden Planeten hat die kürzeste Umlaufzeit um die Sonne?**

    a) Neptun
    b) Jupiter
    c) Saturn

# Erde und Weltall
## *Antworten*

**1b** Durch die **Neigung der Erde** fallen die Sonnenstrahlen während der Umkreisung der Sonne in unterschiedlichen Winkeln auf die Erde. So steht die Sonne im **Winter** senkrecht über dem **südlichen Wendekreis**, im **Hochsommer** senkrecht über dem **nördlichen Wendekreis**. Obwohl die Erde im Winter der Sonne mit am nächsten ist, treffen bei uns die Sonnenstrahlen nur noch sehr flach auf die Erde, was längere Nachtperioden, lange Schatten und damit eine geringere Erwärmung bewirkt.

**2a** Der kleine Marsroboter hieß **Sojourner**. Er wurde mit der Marssonde **Pathfinder** zum Mars gebracht. Die weiche Landung auf dem Mars wurde dabei mit Hilfe von Luftkissen realisiert. Die Marssonde **Surveyor** (1996 gestartet) machte detaillierte Aufnahmen für die **Kartographie** des Mars. Bis Ende 2000 hatte diese Sonde rund 80.000 Bilder von der Marsoberfläche zur Erde gesendet.

**3a** Das Magnetfeld der Erde schützt uns vor dem **Sonnenwind**. Der Sonnenwind besteht aus **elektrisch geladenen Teilchen**, die mit einer enormen Geschwindigkeit von 400–500 Kilometern pro Sekunde von der Sonne weggeschleudert werden. Der Sonnenwind schwankt zum einen innerhalb einer Rotationsperiode der Sonne (27 Tage), zum anderen ist seine Stärke auch stark von der Sonnenaktivität abhängig. Das Magnetfeld der Erde bewirkt eine Ablenkung des Sonnenwindes, der somit größtenteils von der Erde fern gehalten wird.

**4c** Die Atmosphäre des **Jupiter** ist durch einen **großen roten Fleck** gekennzeichnet. Bereits 1664/65 wurde dieser durch **Robert Hook** und **Giovanni Cassini** beobachtet. Der rote Fleck existiert seit über 300 Jahren. Zwar verschwindet er zeitweise und verändert ständig seine Position, konnte aber während der letzten 100 Jahre fast lückenlos beobachtet werden. Die Raumsonden Voyager 1 und 2 übermittelten atemberaubende Bilder des großen roten Flecks. Nach heutigen Theorien handelt es sich dabei um ein Hochdruckgebiet, also um einen langwährenden Wirbelsturm.

**5b** **Jupiter**. Während **Saturn** schon bei 29,4 Erdenjahren pro Umkreisung liegt und Neptun sogar 164,78 Erdenjahre für einen Umlauf benötigt, braucht **Jupiter** nur ca. 11,86 Erdenjahre um die Sonne einmal zu umrunden.

# Erde und Weltall
## *Fragen*

**1. Was sind geostationäre Satelliten?**

    a) Satelliten zur Erkundung unseres Klimas
    b) Satelliten, die scheinbar über einem fixen Punkt der Erde stehen
    c) Satelliten für Rundfunk- und Fernsehübertragung

**2. Was ist die Cassinische Teilung?**

    a) Die Aufteilung in erdähnlichen Planeten und in Gasplaneten
    b) Die Aufteilung der Sterne nach ihrer Leuchtkraft.
    c) Trennlinie zwischen den Hauptringen des Saturns

**3. Wie hieß der erste Satellit?**

    a) Wostok 1
    b) Sputnik 1
    c) Explorer 1

**4. Welcher deutsche Forscher wurde durch zahlreiche Ausgrabungen antiker Städte berühmt?**

    a) Heinrich Schliemann
    b) Heinz Rühmann
    c) Oskar Schlemmer

**5. Wie heißt der längste Fjord der Welt und wo liegt er?**

    a) Sognefjord in Norwegen
    b) Scoresbysund in Grönland
    c) Porsangerfjord in Norwegen

# Erde und Weltall
## *Antworten*

**1b** **Geostationäre Satelliten** bewegen sich in genau 24 Stunden einmal um die Erde. Da dies genau einer Erdumdrehung entspricht, bleiben sie scheinbar immer über dem gleichen Punkt der Erde stehen. Ihre Umlaufbahn ist in rund 36.000 Kilometer Höhe und liegt üblicherweise über dem Äquator. Geostationäre Satelliten finden viele Einsatzmöglichkeiten, so z.B. für die Radio- und Fernsehübertragung, Wetterbeobachtung, etc.

**2c** Die Cassinische Teilung ist die gut sichtbare Trennlinie zwischen den Hauptringen des Saturns. Giovanni Domenico **Cassini** (1625–1712) war Leiter der Pariser Sternwarte und hat bereits 1675 die breite Teilungslinie der Saturnringe entdeckt. Außerdem entdeckte Cassini vier weitere Monde des Saturns: **Iapetus**, **Rhea**, **Dione** und **Tethys**. Der größte Saturn-Mond **Titan** war 1655 bereits durch C. Huygens entdeckt worden.

**3b** Der erste Satellit wurde am 4. Oktober 1957 von der ehemaligen Sowjetunion gestartet und hieß **Sputnik 1**. Er war 83,6 Kilogramm schwer und damit ca. sechs Mal schwerer als der vier Monate später gestartete amerikanische Satellit **Explorer 1**. Mit **Wostok 1** (1961) gelang es der Sowjetunion, zum ersten Mal einen Menschen in die Erdumlaufbahn zu schicken.

**4a** **Heinrich Schliemann** (1822–90) wurde durch zahlreiche Ausgrabungen antiker Städte berühmt. Er studierte die Erzählungen Homers und entdeckte dadurch 1868 die sagenumwobene Stadt Troja in Kleinasien. Besondere Berühmtheit erlangte Schliemann mit der Entdeckung des Schatz von Priamos. Schliemann schenkte den Schatz dem Berliner Museum für Vor- und Frühgeschichte; nach dem Zweiten Weltkrieg transferierten die Russen den Schatz nach Moskau.

**5b** Der längste Fjord der Welt ist der **Scoresbysund in Grönland** mit einer Länge von über 300 Kilometern. Der längste Fjord Europas liegt in Norwegen und heißt **Sognefjord**. Er ist 204 Kilometer lang und bis zu vier Kilometer breit. Mit einer maximalen Tiefe von 1308 Metern ist er auch der tiefste Fjord Europas.

# Erde und Weltall
## *Fragen*

**1. Welcher südostasiatische Inselstaat wurde nach einem spanischen König benannt?**

   a) Indonesien
   b) Philippinen
   c) Malaysia

**2. Was ist der Treibhauseffekt?**

   a) Erwärmung aufgrund mangelnden Schutzes unserer Atmosphäre
   b) Erwärmung aufgrund verschmutzter Atmosphäre
   c) Erhöhte Strahlung durch das Ozonloch

**3. In welcher Stadt fährt man in der Tube?**

   a) London
   b) Paris
   c) Berlin

**4. Die Polarkreise sind Breitenkreise in ...**

   a) ... 66 Grad und 33 Minuten südlicher und nördlicher Breite
   b) ... 23 Grad und 27 Minuten südlicher und nördlicher Breite
   c) ... 40 Grad nördlicher und südlicher Breite

**5. Welcher der folgenden Planeten ist unserer Sonne am nächsten?**

   a) Saturn
   b) Jupiter
   c) Venus

# Erde und Weltall
## *Antworten*

**1b** 1543 wurden die **Philippinen** nach König Philipp II. von Spanien benannt. 1648 wurden die Philippinen im Westfälischen Frieden Spanien zugesprochen. Im Spanisch-Amerikanischen Krieg von 1898 übernahmen die Amerikaner die Inselgruppe. Schließlich wurden die Philippinen während des Zweiten Weltkriegs von den Japanern besetzt. Nach dem Zweiten Weltkrieg gingen die Philippinen an die USA zurück. Diese entließen 1946 die Philippinen in die Unabhängigkeit.

**2b** Der **Treibhauseffekt** entsteht durch die stärkere Verschmutzung der Erdatmosphäre. Dabei verhindern die Schmutzteilchen in der Atmosphäre die Wärmeabstrahlung der Erde in den Weltall. Wie bei einem Treibhaus wird die Wärme innerhalb unserer Atmosphäre gespeichert. Dies führt zu einer **globalen Erwärmung** und wird folgenschwere Klimaveränderungen mit sich ziehen. Die Industriestaaten sind am meisten für die Verschmutzung der Atmosphäre verantwortlich, konnten sich aber auf den zahlreichen internationalen Klimakonferenzen nicht über einen Maßnahmenkatalog einigen.

**3a** Die Londoner U-Bahn wird als **Tube** (Röhre) bezeichnet. Sie wurde 1890 gegründet und weist inzwischen bei rund 250 Bahnhöfen eine Länge von knapp 400 Kilometern auf. Die Tube ist die älteste Untergrundbahn. In Berlin wurde bereits 1877 die erste Stadtbahn gebaut. Diese oberirdisch verlaufende Bahn verband die Fernbahnhöfe der Stadt. Die erste U-Bahn folgte 1902 nach Plänen von Werner von Siemens. Die Pariser U-Bahn heißt Chemin De Fer Métropolitain, zu kurz Metro.

**4a** Die **Polarkreise**, die die Grenzlinie zwischen den **Polarzonen** und **den gemäßigten Zonen** der Erde darstellen, befinden sich 66 Grad und 33 Minuten nördlich und südlich vom **Äquator** entfernt. In 23 Grad und 27 Minuten nördlicher und südlicher Breite befinden sich die beiden **Wendekreise** der Erde.

**5c** Mit einer mittleren Entfernung von der Sonne von 108,2 Millionen Kilometer befindet sich **Venus** der Sonne näher als **Jupiter** (mittlere Entfernung: 778,3 Millionen Kilometer), **Saturn** (1429,4 Millionen Kilometer) und **Neptun** (4504,3 Millionen Kilometer). Mit nur durchschnittlich 75,9 Millionen Kilometer kommt der Planet Merkur der Sonne am nächsten.

# Erde und Weltall

## *Fragen*

**1. Wodurch hat die Sphinx von Giseh ihre Nase verloren?**

   a) Durch den Gallier Obelix
   b) Durch Schießübungen türkischer Soldaten
   c) Durch die Erosion in den letzten 4500 Jahren

**2. Wie heißt der längste Fluss der Erde?**

   a) Amazonas
   b) Nil
   c) Jangtsekiang

**3. Wie hoch ist die Drehgeschwindigkeit der Erde am Äquator?**

   a) 100 Kilometer pro Stunde
   b) 500 Kilometer pro Stunde
   c) 1610 Kilometer pro Stunde

**4. Was versteht man unter Perihel?**

   a) Den sonnennächsten Punkt auf der elliptischen Bahn eines Planeten um die Sonne
   b) Den sonnenfernsten Punkt auf der elliptischen Bahn eines Planeten um die Sonne
   c) Die Schnittpunkte der Ekliptik mit dem Himmelsäquator

**5. Was sind die Plejaden?**

   a) Bergkette
   b) Siebengestirn
   c) Inselgruppe

# Erde und Weltall
## *Antworten*

**1b** Entgegen der allgemeinen Annahme, dass **Witterung und Erosion** zum Verlust der Nase führten, haben **türkische Soldaten** im 19. Jahrhundert die Nase bei Zielübungen mit Kanonen abgeschossen. Somit konnte die fiktive **Comicfigur Obelix** nicht aufgrund ihres Übergewichts die Nase bereits zu Zeiten Kleopatras abgebrochen haben.

**2b** Zählt man den **Nil** zusammen mit seinem Quellfluss **Kagera**, so kommen diese zusammen auf 6671 Kilometer Länge. Damit ist der afrikanische Fluss Nil der längste Fluss der Erde. Der südamerikanische **Amazonas** folgt unmittelbar mit 6500 Kilometern Länge. Ebenfalls um die 6000 Kilometer lang ist der asiatische **Jangtsekiang**. Der **Mississippi** ist zwar der längste Fluss Nordamerikas, er ist jedoch nur etwa 3700 km lang. Zählt man seinen Zufluss, den **Missouri**, und den Mississippi zusammen, so kommen die beiden Flüsse zusammen auch auf etwa 6020 km.

**3c** Die Erde dreht sich am Äquator mit fast **1610 Stundenkilometern**. Das entspricht über 400 Metern in der Sekunde, ist also fast doppelt so schnell wie ein Linienflugzeug. Wer dagegen an den Polen steht, wird sich in 24 Stunden gerade einmal um die eigene Achse drehen. Unvorstellbar ist auch die Reisegeschwindigkeit unserer Erde: Die Erde bewegt sich mit über 107.000 Kilometern pro Stunde auf ihrer Bahn um die Sonne.

**4a** Unter **Perihel** versteht man den Punkt auf der elliptischen Bahn eines Planeten um die Sonne, der **der Sonne am nächsten ist**. Den **sonnenfernsten Punkt** nennt man **Aphel**. Die beiden Schnittpunkte der Ekliptik mit dem Äquator, in dem die Sonne zur Zeit der Tagundnachtgleichen steht, heißen Äquinoktialpunkte (Frühlings- und Herbstpunkt).

**5b** Unter den **Plejaden** versteht man das **Siebengestirn**, ein mit bloßem Auge sichtbarer offener Sternhaufen (M45) im Sternbild Stier. Der Name Siebengestirn ist allerdings etwas irreführend, da man nur sechs hellere Sterne sieht. Die Plejaden kommen aus der griechischen Mythologie: Es handelt sich dabei um die sieben Töchter des Atlas und der Pleione, die als Siebengestirn an den Himmel versetzt wurden, um sie vor den Nachstellungen des Jägers Orion zu schützen.

# Erde und Weltall
## *Fragen*

**1. Was steckt hinter dem Olbersschen Paradoxon?**

   a) Wenn die Zeit erst durch den Urknall entstand, zu welcher Zeit hat dann der Urknall stattgefunden
   b) Was löste den Urknall aus, wenn nichts davor existierte
   c) Bei unendlich vielen Sternen müsste es nachts taghell sein

**2. Was bezeichnen Cepheiden?**

   a) Pulsierende Sterne
   b) Sternhaufen
   c) Siebengestirn

**3. Die Subtropen befinden sich ...**

   a) ... zwischen 20–40 Grad nördlicher/südlicher Breite
   b) ... zwischen den Wendekreisen
   c) ... auf den beiden Kugelkappen nördlich und südlich der Polarkreise

**4. Wie nennt man die scheinbare Sternverschiebung, die aufgrund der Erdbewegung zu beobachten ist?**

   a) Abyssus
   b) Aberration
   c) Ablepsie

**5. Wer sagte „Es ist ein kleiner Schritt für einen Menschen, aber ein riesiger Sprung für die Menschheit"?**

   a) Edwin Aldrin
   b) Neil Armstrong
   c) Harrison Schmitt

# Erde und Weltall
## *Antworten*

**1c** Nach dem Astronomen **Heinrich Olbers** (1758–1840) ist das kosmische Paradoxon benannt, das die Astronomen des 19. Jahrhunderts beschäftigte: Wenn das Weltall unendlich groß wäre, unendlich viele Sterne enthalten würde und schon ewig existieren würde, dann müsste das Licht dieser unendlich vielen Sterne unsere Nächte taghell erscheinen lassen. Das Paradoxon lässt sich lösen, wenn man ein nicht gleich bleibendes und unendlich großes, sondern ein sich ausbreitendes Universum betrachtet.

**2a** Unter **Cepheiden** versteht man **pulsierende Sterne**. Eine besondere Eigenschaft mancher Roter Riesen ist eine periodische Veränderung ihres Radius. Dieses Pulsieren ist abhängig von der Masse des Sterns. Daher kann man von der Periodendauer auf die Größe und Leuchtkraft des Sterns Rückschlüsse ziehen. Verglichen mit der gemessenen Helligkeit des Sterns kann man die Entfernung des Cepheiden bestimmen.

**3a** Die **subtropischen Zonen**, die die Übergangsbereiche zwischen **tropischer Zone** und den **gemäßigten Zonen** darstellen, befinden sich zwischen 20 bis 40 Grad nördlicher und südlicher Breite. Würde man eine Umrundung der Erde in diesem Bereich vornehmen, würde man auf eine Vielzahl an Klimaten treffen, wie etwa dem **Steppen-**, dem **Wüsten-**, dem **feuchttemperierten** und dem **warmen, sommertrockenen Klima**.

**4b** Die scheinbare Lageveränderung der Gestirne wird als **Aberration** bezeichnet. Das Wort kommt aus dem Lateinischen und bedeutet „Abirrung". Entdeckt wurde sie 1728 von dem englischen Astronomen **James Bradley (1692–1762)**. Man unterscheidet zwischen der **täglichen**, der **jährlichen** und der **säkularen Aberration**. Die tägliche Aberration ergibt sich durch die Erdrotation, die jährliche durch die Erdbewegung um die Sonne und die säkulare durch die Bewegung des Sonnensystems im Verhältnis zu den umgebenden Sternen.

**5b** **Neil Armstrong**, der als erster Mensch den Mond betrat. Die Mondfähre **Eagle** mit den beiden Astronauten Armstrong und **Aldrin** landete 1969 auf dem Mond in dem Meer der Ruhe. Harrison Schmitt war der erste Geologe, der auf dem Mond landete. Er machte sich 1972 zur **letzten Apollo-Mission** auf, der **Apollo 17**.

# Erde und Weltall

## *Fragen*

**1. Wo finden wir Puck, Bianca und Ariel?**

   a) Es sind Monde des Uranus
   b) Im Sternbild des Adlers
   c) Im Kreuz des Südens

**2. Wie ist die Reihenfolge der Erdschichten?**

   a) Oberer Erdmantel, unterer Erdmantel, Erdkruste, äußerer Kern, innerer Kern
   b) Unterer Erdmantel, oberer Erdmantel, Erdkruste, äußerer Kern, innerer Kern
   c) Erdkruste, oberer Erdmantel, unterer Erdmantel, äußerer Kern, innerer Kern

**3. Wo fielen nach einer Anekdote die Worte: „noli turbare circulos meos" („Störe meine Kreise nicht!")?**

   a) In Athen
   b) In Syrakus
   c) In Rom

**4. Wie hieß der erste amerikanische Raumtransporter?**

   a) Columbia
   b) Challenger
   c) Atlantis

**5. Was bezeichnet die Rotationsperiode?**

   a) Die Umlaufzeit eines Planeten um seinen Stern
   b) Die Zeit, die ein Planet bzw. Stern braucht, um sich um seine eigene Achse zu drehen
   c) Die Umlaufzeit eines Mondes um seinen Planeten

## Erde und Weltall

### *Antworten*

**1a** **Puck**, **Bianca** und **Ariel** gehören zu den 15 Monden des **Uranus**. Bis auf Ariel wurden diese Planeten erst 1986 durch die Raumsonde **Voyager 2** entdeckt. Die beiden größten Uranusmonde **Titania** und **Oberon** wurden bereits 1787 durch den Amateurastronom und Uranus-Entdecker **William Herschel** (1738–1822) gefunden. Ariel wurde 1851 durch **William Lassel** (1799–1880), ebenfalls ein Amateurastronom, entdeckt.

**2c** Würde man bis zum Erdmittelpunkt vordringen können, würde man die verschiedenen Schichten des **Erdaufbaus** wie in Antwort c) beschrieben passieren: zuerst die **Erdkruste**, dann den **oberen und unteren Erdmantel**, daraufhin den **äußeren** und schließlich den **inneren Kern**.

**3b** In **Syrakus**. Der berühmte Mathematiker **Archimedes** (285–212 v. Chr.), dem u. a. die Berechnung der Zahl Pi gelang, soll während der römischen Belagerung der Stadt Syrakus, gedankenverloren über einer mathematischen Zeichnung, die er vor sich in den Sand gemalt hatte, einem herantretenden römischen Soldaten gegenüber diese Worte fallen gelassen haben. Dieser erschlug ihn daraufhin kurzerhand.

**4a** Die **Columbia** war der erste amerikanische Raumtransporter des Space-Shuttle-Programms. Das Space Shuttle wurde für Pendelflüge zwischen Erde und Raumstationen konzipiert. Dabei wird der Raumgleiter mit Hilfstank und zwei zusätzlichen Feststoffraketen in den Weltraum geschossen. Bei der Rückkehr landet der Raumtransporter ähnlich wie ein Flugzeug auf einer Landebahn. Im Januar 1986 erlitt das Space-Shuttle-Programm einen schweren Rückschlag, als der Raumtransporter Challenger kurz nach dem Start explodierte.

**5b** Unter **Rotationsperiode** oder **Rotationszeit** versteht man die Zeit, die ein **Planet** oder **Stern** benötigt, sich einmal um **seine eigene Achse zu drehen**. Unsere Erde hat eine Rotationsperiode von etwa 24 Stunden, was einem Tag entspricht. Die Rotationsperiode ist bei unseren Nachbarplaneten sehr unterschiedlich. So schwankt sie zwischen rund 10 Stunden (Jupiter) und 243 Tagen (Venus). Trotz ihrer immensen Größe beträgt die Rotationsperiode unsere Sonne nur 27 Tage.

# Erde und Weltall
## *Fragen*

**1. Wo befindet sich das viel zitierte Aranjuez?**

   a) In Frankreich
   b) Auf Korsika
   c) In Spanien

**2. Wodurch entstehen Polarlichter?**

   a) Durch den Sonnenwind
   b) Durch Meteoriten
   c) Durch einen vorbeifliegenden Kometen

**3. Wie heißt der längste Fluss Europas, der im Altertum auch unter dem Namen Rha bekannt war?**

   a) Rhône
   b) Wolga
   c) Donau

**4. Auf welchem Kontinent wohnen die meisten Menschen?**

   a) In Afrika
   b) In Europa
   c) In Asien

**5. Die berühmte Hochebene in Nordamerika heißt …**

   a) … Grand Canyon
   b) … Great Plains
   c) … Great Valley

# Erde und Weltall
## *Antworten*

**1 c** Die **Stadt Aranjuez**, den meisten wohl aus dem Zitat: **„Die schönen Tage von Aranjuez sind nun vorbei"** bekannt, liegt in Spanien am Tajo bei Madrid. Die ehemalige Sommerresidenz der spanischen Könige mit ihren zauberhaften Gartenanlagen hat heute ca. 36.000 Einwohner. Sie diente **Friedrich von Schiller** (1759–1805) in seinem Theaterstück **„Don Carlos"** als einer der Schauplätze. Hieraus stammen auch die zitierten Zeilen, mit denen man zum Ausdruck bringen will, dass eine wunderschöne Zeit nun leider zu Ende gehen muss.

**2 a** Der **Sonnenwind** bläst mit durchschnittlich 400–500 Kilometern pro Sekunde. Es handelt sich dabei um elektronisch geladene Teilchen (in erster Linie **Elektronen** und **Protonen**). Im Allgemeinen werden diese Teilchen durch das **Erdmagnetfeld** abgelenkt. Bei erhöhter Sonnenaktivität dringen diese Teilchen in den **Polargebieten** in unsere **Atmosphäre** ein und regen Gasteilchen in unserer Atmosphäre zum Leuchten an.

**3 b** Die **Wolga** ist mit ihren 3530 Kilometern der längste Fluss, der sich durch Europa schlängelt. Sie entspringt in den **Waldanhöhen** in Russland und mündet ins **Kaspische Meer**. Dicht auf den Fersen folgt ihr die Donau mit 2850 Kilometer Länge. Sie ist der zweitlängste europäische Fluss. Und die Rhône, zumindest zweitgrößter Strom Frankreichs, erreicht noch die stolze Länge von 812 Kilometern.

**4 c** Der Kontinent mit der größten Bevölkerung ist **Asien**. Mit über 3 Milliarden Einwohnern macht er über die Hälfte der Gesamtbevölkerung der Erde aus. Seit den letzten hundert Jahren ist die Bevölkerungszahl von nur etwa 800 Millionen explosionsartig angestiegen. Die meisten Menschen Asiens findet man in den Ländern **China**, **Indien** und **Indonesien**. Europa und Afrika bleiben mit je rund 730 Millionen Einwohnern noch weit hinter Asien zurück.

**5 b** Die berühmte Hochebene in Nordamerika heißt **Great Plains**, Große Ebenen. Diese Ebenen erreichen eine Höhe von 1500 Metern. Auf kanadischer Seite findet man vor allem Wald vor, während auf der Seite der USA **Prärie** vorherrscht.

# Erde und Weltall
## *Fragen*

**1. An welchem Ort der Erde kann man angeblich die ältesten Menschen antreffen?**

　　a) Im Tal des Todes
　　b) Im Tal von Vilcabamba
　　c) Im Tal der Könige

**2. Von welchem Hafen aus verlässt in den USA die meiste Baumwolle das Land?**

　　a) Chicago
　　b) Boston
　　c) New Orleans

**3. Welcher bedeutende französische Astronom beobachtete als erster Spektren von Sonnenprotuberanzen außerhalb einer totalen Sonnenfinsternis?**

　　a) Pierre Jules César Janssen
　　b) Moritz Loewy
　　c) Pierre Henri Puiseux

**4. Auf welchen Fluss nehmen folgende Zeilen Bezug: „Teutschlands Strom, aber nicht Teutschlands Grenze"?**

　　a) Auf die Rhône
　　b) Auf den Rhein
　　c) Auf die Donau

**5. Auf welchem Planetenmond gibt es aktive Vulkane?**

　　a) Io
　　b) Europa
　　c) Phobos

# Erde und Weltall
## *Antworten*

**1 b** Die ältesten Menschen der Erde findet man angeblich im **Tal von Vilcabamba**. Hier, im südöstlichen Teil **Ecuadors**, soll es nach den Studien des Gerontologen (Altersforscher) David Davies Menschen geben, die 130 Jahre und älter sein sollen. Das **Tal des Todes**, **the Death Valley**, befindet sich in Kalifornien in den USA. Als **tiefste Depression** Nordamerikas mit seinem **Wüstenklima** ist es ein beliebtes Ausflugsziel für Touristen, aber bestimmt kein Ort für überdurchschnittliche Lebenserwartungen. Auch das **Tal der Könige**, im Wüstengebirge am Nil von Theben, ist mit seiner riesigen Grabanlage für ägyptische Könige der 18. bis 20. Dynastie wohl eher für seine Toten als für Langlebige berühmt.

**2 c** In **New Orleans**. Die Stadt in dem Bundesstaat Louisiana, welche 1718 von französischen Siedlern gegründet wurde, ist heute mit mehreren Warenbörsen nicht nur **Hauptausfuhrhafen für Baumwolle** in den USA, sondern auch beliebter Anziehungspunkt für Touristen. Diese können hier nicht nur dem Ursprung des New-Orleans-Jazz auf die Spuren kommen, sondern auch faszinierende Architektur französischer und kreolischer Einfärbung in der Altstadt bewundern.

**3 a** **Pierre Jules César Janssen** (1824–1907). Die spektakuläre Beobachtung gelang ihm 1868. Er gilt als **Pionier** auf dem Gebiet der **astronomischen Spektroskopie**. **Moritz Loewy** (1833–1907) und **Pierre Henri Puiseux** (1855–1907) sind wohl am besten für ihren **fotografischen Mondatlas** bekannt, den sie zusammen 1869 erstellten und der in der Qualität alle bis dahin existierenden Karten übertraf.

**4 b** Auf den **Rhein**. Diese patriotischen Zeilen stammen aus der Feder von **Ernst Moritz Arndt** (1769–1860), der sich damals stark für die Befreiung der unter französischem Protektorat stehenden Rheinbundstaaten engagierte, die der Rhein von Frankreich abgrenzte.

**5 a** Die **Voyager-1-Sonde** übermittelte beim Vorbeiflug an dem Jupitermond **Io** einen Vulkanausbruch. Dieser konnte sozusagen live in der Voyager-Bodenstation mitverfolgt werden. Obwohl die Analyse von Planeten- und Mondoberflächen oft auf vulkanische Aktivität hinweist, konnte dieser bisher nur auf dem Jupitermond Io tatsächlich nachgewiesen werden.

# Erde und Weltall
## *Fragen*

**1. Eine der folgenden Ländergruppen enthält ein Land ohne gemeinsame Grenze mit Deutschland – welche?**

   a) Italien, Österreich, Tschechische Republik
   b) Dänemark, Belgien, Frankreich
   c) Frankreich, Liechtenstein, Schweiz

**2. Woher hat das Element Helium seinen Namen?**

   a) Nach seinem Entdecker
   b) Nach einer römischen Gottheit
   c) Nach einer griechischen Gottheit

**3. In welcher Schicht unserer Atmosphäre verglühen die meisten Meteoriten?**

   a) Troposphäre
   b) Stratosphäre
   c) Mesosphäre

**4. Pazifischer Ozean und Karibisches Meer werden durch einen Kanal miteinander verbunden. Wie heißt dieser?**

   a) Panamakanal
   b) Ärmelkanal
   c) Sueskanal

**5. Welches der folgenden Länder besitzt die längste Küste?**

   a) Italien
   b) Norwegen
   c) Frankreich

## Erde und Weltall
## *Antworten*

**1 c** Die Ländergruppe c) enthält ein Land, das nicht an **Deutschland** grenzt – nämlich **Liechtenstein**. Es liegt zwischen Österreich und der Schweiz. Alle anderen Länder haben eine gemeinsame Grenze mit Deutschland. Dänemark grenzt im Norden an Deutschland, die Tschechische Republik im Osten, Österreich und die Schweiz im Süden, Frankreich im Westen und Belgien im Nordwesten.

**2 c** Bei einer Sonnenfinsternis 1868 untersuchten **Norman Lockyer** (1836–1920) und **Jules Janssen** (1824–1907) das Spektrum der Korona. Dabei fiel ihnen ein neues chemisches Element auf. Sie nannten es Helium – nach dem griechischen Sonnengott **Helios**. Die Sonne besteht aus 73% Wasserstoff und 25% Helium. Der Wasserstoff wird dabei in einer Kernfusion in Helium gewandelt. Die dabei freigesetzte Energie wird in Form von Licht- und Wärmestrahlung ins Weltall abgegeben.

**3 c** Die meisten Himmelskörper verglühen in der **Mesosphäre** in ca. 50–60 Kilometern Höhe. Die **Troposphäre** liegt im Bereich von 0 bis 10 km Entfernung, in ihr bilden sich die Wolken. Oberhalb – zwischen 10 und 50 Kilometern – befindet sich die **Stratosphäre**, sie enthält die Ozonschicht. Zwischen 50 und 80 Kilometern liegt die **Mesosphäre**. Darüber die **Thermosphäre** (bis ca. 450 Kilometer) und die **Exosphäre**, die die Übergangszone in den interplanetaren Raum darstellt.

**4 a** Der **Panamakanal** verbindet den **Pazifischen Ozean** mit dem **Karibischen Meer**. Der künstlich angelegte Schifffahrtsweg durch **Zentralamerika** wurde 1914 eröffnet. Die Leitung über dieses gewaltige Projekt besaß der amerikanische Ingenieur George W. Goethals. Da der Kanal heute für die Mehrzahl der Handelsschiffe nicht mehr tief genug ist, spielt man mit dem Gedanken, einen neuen Kanal zu bauen. Der Sueskanal befindet sich zwischen **Mittelmeer** und **Rotem Meer** und der **Ärmelkanal** zwischen Großbritannien und Frankreich.

**5 b** **Norwegen**. Das zur **Skandinavischen Halbinsel** gehörende Land grenzt im Norden an die **Barentssee**, im Süden an die **Nordsee** und im Westen an das **Europäische Nordmeer**. Hier kann man bis zu 21.000 Kilometer Küste – zählt man Buchten und Fjorde mit hinzu – vorfinden.

# Erde und Weltall
## *Fragen*

**1. Welchem Land lässt sich die Insel Korsika zuordnen?**

   a) Italien
   b) Frankreich
   c) Griechenland

**2. Wie werden die Schwingungen der Mondscheibe genannt, die in Bezug auf die Erde im Laufe eines Mondumlaufes in Erscheinung treten und es ermöglichen, dass wir von der Erde aus – statt nur 50 % – 59 % der Mondoberfläche beobachten können?**

   a) Vibrationen
   b) Librationen
   c) Oszillationen

**3. An welchen See kommt man, wenn man nach Lausanne fährt?**

   a) An den Vierwaldstätter See
   b) An den Genfer See
   c) An den Gardasee

**4. Was bedeutet GPS?**

   a) Global Positioning System
   b) General Paket Service
   c) Generic Parcel Service

**5. Was findet man unter dem ewigen Eis des Südpols?**

   a) Einen Kontinent
   b) Den Pazifischen Ozean
   c) Den Atlantischen Ozean

# Erde und Weltall
## *Antworten*

**1 b** Die Mittelmeerinsel **Korsika** gehört politisch zu Frankreich. Auf dieser rund 8680 Quadratkilometer großen Insel mit **Mittelmeerklima** und ihren fruchtbaren Küstengebieten mit Wein, Zitrusfrüchten und Oliven werden seit den 90er-Jahren die Stimmen nach Unabhängigkeit immer lauter und fordernder. So wird dieses beliebte Reiseziel durch terroristische Anschläge immer wieder in Angst und Schrecken versetzt.

**2 b** Es gibt drei **Librationen**, die zusammen bewirken, dass ca. 59 % der Mondoberfläche von der Erde aus gesehen werden können: 1. Die Libration in Länge, die sich aus der variierenden Umlaufgeschwindigkeit und konstant bleibenden Rotationsgeschwindigkeit des Mondes ergibt; 2. die Libration in Breite, die durch die Neigung der Mondrotationsachse gegen seine Bahnebene verursacht wird und 3. die tägliche Libration, die aufgrund der Rotation der Erde in Erscheinung tritt.

**3 b** Fährt man nach **Lausanne**, kommt man an den **Genfer See**. Der zwischen Frankreich und Schweiz gelegene See ist mit ca. 72 Kilometern Länge und 14 Kilometern maximaler Breite der größte See der Alpen. Seine malerischen Ufer locken jedes Jahr aufs Neue zahlreiche Touristen an. Aber nicht nur der Fremdenverkehr scheint um den See zu florieren, sondern auch Weinbau und Fischfang.

**4 a** **GPS** steht für **Global Positioning System**. Ein Funkmessgerät empfängt dabei die Zeitsignale von mehreren Satelliten und bestimmt aufgrund der Differenz dieser Signale seine eigene absolute Position in Breiten- und Längengraden. GPS wird in zivilen und militärischen Bereichen eingesetzt. Immer beliebter ist der Einsatz von GPS in Autos: Mit Hilfe von GPS kennt ein elektronischer Beifahrer die Position des Autos und kann den Autofahrer zu seinem gewünschten Ziel führen.

**5 a** Unter den Eismassen des Südpols findet man den Kontinent **Antarktika**, der unter einer teilweise bis zu 4 Kilometern dicken Eisschicht begraben ist. Die Land- und Meeresgebiete um den Südpol nennt man **Antarktis**. Hier treffen **Pazifischer**, **Indischer** und **Atlantischer Ozean** aufeinander. Im Gegensatz zum Südpol findet man unter dem Nordpol nur tiefe See.

# Erde und Weltall
## *Fragen*

**1. Wie heißt das Weltraumteleskop der NASA und ESA?**

   a) Hubble-Weltraumteleskop
   b) Very Large Telescope (VLT)
   c) International Space Telescope

**2. Wo findet man den Fußabdruck Adams?**

   a) Auf dem Adam`s Peak
   b) Auf der Adamsbrücke
   c) Auf der Adamellogruppe

**3. Wer bereiste als Erstes den geographischen Südpol?**

   a) Robert Falcon Scott
   b) Roald Amundsen
   c) James Cook

**4. Steht die Sonne fix im Zentrum unseres Sonnensystems oder bewegt sie sich ähnlich wie die Planeten?**

   a) Ja, die Sonne steht im Zentrum
   b) Nein, die Sonne kreist um das Zentrum
   c) Nein, die Sonne kreist um den Schwerpunkt

**5. Für welches Land sind die Pyrenäen Grund und Boden?**

   a) Für Andorra
   b) Für Monaco
   c) Für Liechtenstein

# Erde und Weltall
## *Antworten*

**1a** Das **Hubble-Weltraumteleskop** wurde 1990 als gemeinsames Projekt der **ESA** und **NASA** gestartet und in der Zwischenzeit schon mehrfach bei Raumflügen repariert und erweitert. Im Gegensatz zu Teleskopen auf der Erde ermöglicht es einen ungetrübten Blick in das Weltall. Insbesondere durch Langzeit-Aufnahmen ist das Hubble-Teleskop in die Schlagzeilen gekommen: Das **Hubble Deep Field** zeigt die entferntesten Galaxien, die das menschliche Auge je gesehen hat.

**2a** Auf dem **Adam`s Peak**, dem 2243 m hohen Gneisberg auf **Sri Lanka**. Hier kann man eine Vertiefung finden, die man als Fußabdruck Adams bzw. auch **Buddhas** auslegt. Der Adam`s Peak ist daher auch als berühmter Wallfahrtsort bekannt. Die **Adamsbrücke** ist die Bezeichnung für eine ca. 86 Kilometer lange Kette aus Sandbänken und Inseln, die sich zwischen Sri Lanka und Südindien erstreckt. Die **Adamellogruppe** ist eine Gebirgsgruppe in den italienischen Südalpen.

**3b** Der norwegische Polarforscher **Roald Amundsen** (1872–1928) erreichte im Dezember 1911 als Erster den geographischen Südpol. Bereits ein Jahrhundert zuvor hatte der britische Seefahrer James Cook (1728–79) auf einer seiner drei Weltumsegelungen den südlichen Polarkreis überquert. Robert F. Scott (1879–1912) erreichte etwa vier Wochen nach Amundsen den Südpol und kam auf der Rückkehr von seiner Expedition ums Leben.

**4c** Die **Gravitationskraft** wirkt immer zwischen zwei Objekten, d. h. die Erde wird von der Sonne angezogen, aber gleichzeitig auch die Sonne von der Erde. Daher ruht die Sonne nicht im Mittelpunkt unseres Sonnensystems, sondern kreist – beeinflusst von allen Planeten – um den Schwerpunkt unseres Sonnensystems. Dieser liegt allerdings aufgrund der stark unsymmetrischen Masseverteilung immer innerhalb der Sonne.

**5a** Die **Pyrenäen** bilden den Grund und Boden für **Andorra**. Dieser Kleinstaat befindet sich genauer gesagt in dem östlichen Teil der Pyrenäen zwischen Frankreich und Spanien. Dieses souveräne Fürstentum ist den Meisten nicht nur als beliebtes Ausflugsziel, sondern auch als Steuerparadies bekannt.

# Erde und Weltall
## *Fragen*

**1. Wie heißt der höchste Berg Afrikas?**

  a) Mount Kenya
  b) Kilimandscharo
  c) Ruwenzori

**2. Welches Land hat keinen Hafen am Schwarzen Meer?**

  a) Bulgarien
  b) Türkei
  c) Tschechische Republik

**3. In welches Land pilgerten zahlreiche Menschen, um die heilige Stätte der Aphrodite zu sehen?**

  a) Nach Italien
  b) Nach Zypern
  c) Nach Griechenland

**4. Die Atmosphäre der Erde wird nach thermischen Strukturen in mehrere Sphären gegliedert. Wie lautet die korrekte Reihenfolge, beginnend mit der untersten Schicht?**

  a) Strato-, Thermo-, Meso-, Exo-, Troposphäre
  b) Tropo-, Strato-, Meso-, Thermo-, Exosphäre
  c) Thermo-, Meso-, Exo-, Tropo-, Stratosphäre

**5. Kennzeichnend für das Mittelmeerklima ist ...**

  a) ... Sommertrockenheit und Winterregen
  b) ... Sommerregen und Wintertrockenheit
  c) ... Winter- und Sommertrockenheit

# Erde und Weltall
## Antworten

**1 b** Der höchste Berg Afrikas ist der **Kilimandscharo**. Dies ist ein vulkanischer Gebirgsstock, dessen höchster Vulkan Kibo 5895 Meter hoch ist. Der Kilimandscharo befindet sich in Nord-Ost Tansania. Mit 5194 Metern Höhe ist der erloschene Vulkan **Mount Kenya** der zweithöchste Berg Afrikas. Der **Ruwenzori** ist ein Gebirgsstock in Ostafrika zwischen der Republik Kongo und Uganda, dessen höchste Stelle 5119 Meter misst.

**2 c** Die **Tschechische Republik**. Anders als die anderen drei Länder grenzt sie nicht ans **Schwarze Meer**. Wichtige Häfen der Türkei sind z. B. Istanbul und Samsun, von Bulgarien Burgas und Warna. Das Schwarze Meer ist ein Nebenmeer des Europäischen Mittelmeeres, verbunden durch Bosporus, Marmarameer und Dardanellen. Über den Wolga-Don-Kanal hat es ferner eine Verbindung zum Kaspischen Meer, zum Weißen Meer und nicht zuletzt zur Ostsee.

**3 b** Nach **Zypern**. Hier, im zyprischen **Palaipaphos**, wurde ca. 1200 v. Chr., die heilige Stätte der Liebesgöttin erbaut. Erstaunlich war, dass man im Tempel keine Statue der „Schaumgeborenen" antreffen konnte, sondern nur einen schwarzen Stein, der sinnbildlich für ihre Schönheit stand. 392 wurde der Tempel unter dem christlichen Kaiser Theodosius (347–95) geschlossen und 401 durch ein Erdbeben, das die zürnenden Götter schickten, zerstört.

**4 b** Die unterste Schicht ist die **Troposphäre**. Sie reicht bis zu 18 Kilometer Höhe. In dieser Sphäre spielen sich die Wetterergnisse ab. Bis zu 50 Kilometer folgt die **Stratosphäre**. Sie ist in der Regel schon wolkenfrei. Bis zu 85 Kilometer Höhe erstreckt sich die **Mesosphäre**, die **Thermosphäre** bis zu 450 Kilometer, und die **Exosphäre** bildet dann schließlich den Übergangsbereich mit dem interplanetaren Raum.

**5 a** Typisches Kennzeichen des **Mittelmeerklimas** ist Sommertrockenheit und Winterregen. Dieses Klima findet man jedoch nicht nur im Mittelmeerraum, sondern es ist insgesamt kennzeichnend für die **subtropischen Zonen**. Das Mittelmeerklima wird auch **Etesien-Klima** genannt.

# Erde und Weltall
## *Fragen*

**1. Die ersten Karten entstanden...**

  a) ... im Mittelalter
  b) ... im Altertum
  c) ... in der Neuzeit

**2. Welches Weltraumlabor stürzte 1979 über Süd-West-Australien ab?**

  a) MIR
  b) Skylab
  c) ISS

**3. Wie lange dauert ein Mars-Jahr?**

  a) 88 Tage
  b) 1 Jahr
  c) 687 Tage

**4. Wie heißt der Kompass, der mit Hilfe der Erdrotation funktioniert?**

  a) Kreiselkompass
  b) Magnetkompass
  c) Rotationskompass

**5. Woher kommt der Name Atlas?**

  a) Von dem lateinischen Wort für Kugel
  b) Aus der griechischen Mythologie
  c) Von dem griechischen Wort für Kugel

# Erde und Weltall
## *Antworten*

**1b** Die ersten **kartographischen** Anfertigungen gehen bis ins Altertum zurück, wie etwa die **Tonplättchenkarten** der Babylonier um 3800 v. Chr. Aus der griechisch-römischen Antike sind vor allem die römischen **Wegekarten** und die griechischen Erdkarten bekannt, die sich die Erde noch als Kreis vorstellten, in dessen Mittelpunkt sich Griechenland befindet.

**2b** Das **Skylab** wurde 1973 von der **NASA** gestartet und stürzte am 11.7.1979 über Süd-West-Australien ab. Es verglühte größtenteils in der Erdatmosphäre, aber einige Bruchstücke gelangten noch auf die Erdoberfläche. Skylab umkreiste in einer Umlaufbahn in ca. 435 Kilometer Höhe die Erde. Es bot drei Astronauten auf ca. 290 Kubikmetern Wohn- und Arbeitsflächen. Drei Mannschaften verbrachten insgesamt 513 Mann-Tage im Skylab.

**3c** Geht man davon aus, dass ein **Mars-Jahr** der Zeitperiode entspricht, in der der Mars einmal um die Sonne kreist, so dauert ein Mars-Jahr ca. 687 Tage, also 1,88 Erdenjahre. Am kürzesten dauert ein Jahr auf dem **Merkur** – nur 88 Tage. Das wohl kürzeste Leben würden wir dagegen auf dem **Pluto** verbringen: Ein Mensch würde durchschnittlich nur ein Drittel Jahr alt werden – schließlich braucht der Pluto 248 Jahre für einen Umlauf um die Sonne.

**4a** Der **Kompass**, der die Himmelsrichtung mit Hilfe der **Erdrotation** bestimmt, heißt **Kreiselkompass**. Die Drehachse seines Kreiselkörpers stellt sich stets in Richtung des **geographischen Meridians** ein. Der Kreiselkompass wird heutzutage dem **Magnetkompass** vorgezogen, da er unabhängig von magnetischen Störungen ist. Der Magnetkompass nutzt zur Himmelsrichtungsbestimmung den **Erdmagnetismus** aus.

**5b** **Atlas** war in der griechischen Mythologie der Sohn des Titanen **Iapetus**. Der Riese Atlas trug das Himmelsgewölbe auf seinen Schultern, damit es nicht auf die Erde stürze. Ihm zu Ehren werden Kartensammlungen der Erde Atlanten genannt. Das lateinische Wort für Kugel ist **Globus** und wir bezeichnen damit unsere Erdkugel. Das griechische Wort für Kugel ist **Sphäre**, wir finden es zum Beispiel in Atmosphäre wieder.

# Erde und Weltall
## *Fragen*

**1. Eine der folgenden Gruppen enthält ein Sternbild, das nicht zu den zwölf Tierkreissternbildern gehört. Welche?**

   a) Widder, Stier, Zwilling
   b) Waage, Skorpion, Schütze
   c) Steinbock, Wolf, Fische

**2. Wie hieß die erste erfolgreiche Mondmission?**

   a) Luna 2
   b) Pioneer 1
   c) Ranger 7

**3. Wann wurde der Euro-Tunnel eröffnet?**

   a) 1988
   b) 1994
   c) 1999

**4. Was sind Geysire?**

   a) Heiße Quellen
   b) Lavaströme
   c) Gletscher Spitzen

**5. Wie nennt man das kegelförmige, symmetrisch zur ekliptikalen Ebene liegende Licht am Nachthimmel nicht?**

   a) Nordlicht
   b) Tierkreislicht
   c) Zodiakallicht

# Erde und Weltall
## *Antworten*

**1c** Die Gruppe c) enthält ein Sternbild, das nicht zu den **zwölf Tierkreissternbildern** gehört, nämlich den Wolf. Alle anderen Sternbilder gehören zum **Tierkreisgürtel** am Himmel, den man auch **Zodiakus** nennt. Seit Jahrtausenden schon werden diesen Sternbildern Kräfte zugeschrieben, die das menschliche Schicksal beeinflussen können.

**2a** **Luna 2**. 1958 ging zwischen Russland und den USA ein eifriger Wettkampf los, als Erstes den Mond zu erreichen. Die ersten Versuche der USA mit **Thor-Able 1** und **Pioneer 1,2,3** im Jahr 1958 waren allesamt Misserfolge. Anfang 1959 schaffte es die russische Sonde **Luna 1**, sich auf ca. 6000 Kilometer dem Mond zu nähern. Mit Luna 2 gelang den Russen 1959 die erste Landung auf dem Mond – allerdings wurde die Sonde durch die harte Landung zerstört. Der erste große Erfolg der Amerikaner war **Ranger 7**. Dieser stürzte im Juli 1964 auf den Mond, konnte zuvor jedoch noch einige Aufnahmen übermitteln.

**3b** Bereits zu Zeiten Napoleons wurde über einen Tunnel zwischen Großbritannien und dem Festland diskutiert. Aber erst 1994 war es dann so weit: Nach sechsjähriger Bauzeit wurde der **Euro-Tunnel** zwischen Fréthun (Frankreich) und Cheriton (Großbritannien) von Queen Elizabeth II. und Staatspräsident Francois Mitterrand feierlich eröffnet. Inzwischen verkehrt der Hochgeschwindigkeitszug **Euro-Star** zwischen Paris und London, der mit bis zu 160 Kilometern pro Stunde (außerhalb bis zu 300 Kilometern pro Stunde) durch den Euro-Tunnel fährt.

**4a** Das Wort **Geysir** kommt aus dem altisländischen und bezeichnet **heiße Quellen**. Geysire stoßen in meist regelmäßigen Zeitabständen Fontänen heißen Wassers aus. Dabei wird Grundwasser durch vulkanische Aktivität erwärmt. Sobald der Druck des erhitzten Wassers stark genug ist, die darüber liegenden Wassermassen zu verdrängen, wird das Wasser explosionsartig aus der Quelle geschleudert. Neben Island findet man Geysire unter anderem auch in den USA (Yellowstone-Nationalpark), Mexiko und Japan.

**5a** Dieser Lichtstreifen, den man besonders gut zur Zeit der **Tagundnachtgleiche** beobachten kann, heißt nicht Nordlicht. Die richtigen Namen dieses Lichtkegel, der beim Tierkreis zu sehen ist, lauten **Tierkreislicht** und **Zodiakallicht**.

# Erde und Weltall
## *Fragen*

**1. Wie nennt man die natürliche Anhäufung von Salzen und anderen nutzbaren Mineralien in der Erdkruste?**

　　a) Bodenschatz
　　b) Bodenverfestigung
　　c) Bodenverdichtung

**2. Über den Dächern welcher Stadt fährt eine Seilbahn?**

　　a) San Francisco
　　b) Singapur
　　c) London

**3. Wie heißt der größte See der Welt?**

　　a) Oberer See
　　b) Victoriasee
　　c) Kaspisches Meer

**4. Welcher Bereich der Sonne wird bei einer Sonnenfinsternis verdeckt?**

　　a) Die Chromosphäre
　　b) Die Photosphäre
　　c) Die Korona

**5. Wo liegt die wohl älteste erhaltene Sternwarte der Welt?**

　　a) In Irland
　　b) In Kalifornien
　　c) In Spanien

# Erde und Weltall
## *Antworten*

**1a** Die Ansammlung von nutzbaren natürlich vorkommenden mineralischen Rohstoffen wie Salzen und Erzen in der Erdkruste wird als **Bodenschatz** bezeichnet. **Bodenverfestigung** nennt man das Bemühen, Böden durch Zufügen von Bindemitteln frostbeständiger und ertragreicher zu machen. **Bodenverdichtung** bedeutet eine Abnahme des Volumens von Bodenporen, was zu schlechterem Pflanzenwachstum führt.

**2b** In **Singapur** verbindet eine Schweizer Seilbahn die Stadt mit der Ausflugsinsel Sentosa. Die Seilbahn startet von dem inmitten der Stadt gelegenen Hügel Mount Faber und gelangt über eine Zwischenstation zu der vor Singapur gelegenen Insel Sentosa. Eine Fahrt mit dem so genannten **Cable-Car** bietet einen Blick auf die Skyline von Singapur.

**3c** Das **Kaspische Meer** ist der größte See der Erde. Aufgrund seiner Größe (rund 376.000 Quadratkilometer) wird es als Meer bezeichnet. Der **Obere See** (Lake Superior) ist mit rund 82.400 Quadratkilometern der größte See Nordamerikas und der zweitgrößte See der Erde. Der nach Königin Victoria (1818–1901) benannte **Victoriasee** ist Afrikas größter See und steht mit 68.000 Quadratkilometern als Dritter an der Weltspitze.

**4b** Bei einer totalen **Sonnenfinsternis** verdeckt der Mond die **Photosphäre** der Sonne. Diese ist gekennzeichnet durch ihre enorme Leuchtkraft. Es handelt sich dabei um eine ca. 400 Kilometer dicke Gasschicht auf der Oberfläche der Sonne. Erst wenn diese vollständig abgedeckt wird, ist es möglich, die viel leuchtschwächeren Atmosphären der Sonne zu erkennen. Die **Chromosphäre** ist einige tausend Kilometer dick und leuchtet schwach rötlich. Die **Korona** ist die äußerste Atmosphäre der Sonne. Ihre unregelmäßige Größe kann bis zu einigen Sonnenradien betragen.

**5a** Die wohl älteste erhaltene **Sternwarte** der Welt liegt in Newgrange in **Irland**. Man schätzt ihr Alter auf etwa 5150 Jahre. Heute gelten die Sternwarte von **Mount Palomar** in Kalifornien und die von **Selentschuskaja** im Kaukasus als die größten astronomischen Observatorien. Die leistungsfähigste Sternwarte Europas liegt auf dem Calar Alta, dem höchsten Punkt der Sierra de los Filabres in Spanien.

# Erde und Weltall

## *Fragen*

**1. Wozu brauchen wir den 29. Februar?**

    a) Um den Mondkalender dem julianischen Kalender anzupassen
    b) Wegen der ungeraden Umlaufzeit der Erde um die Sonne
    c) Um die Sommer-Winterzeitumstellung auszugleichen

**2. Was ist die Rotverschiebung?**

    a) Eine Verfärbung aufgrund von Bewegung
    b) Eine Verfärbung aufgrund hoher Temperaturen
    c) Eine Verfärbung aufgrund extremer Gravitationskraft

**3. Wie nennt man einen Schwarm von interplanetaren Staubpartikeln, der sich um die Sonne bewegt?**

    a) Meteorstrom
    b) Meteorschauer
    c) Sternschnuppenschwarm

**4. Der Canyon Diablo ist ...**

    a) ... eine Bergkette
    b) ... ein Meteoritenkrater
    c) ... ein Vulkan

**5. Oasen sind ...**

    a) ... grüne Inseln in Wüsten
    b) ... wüstenähnliche Landflächen
    c) ... baumlose Steppenflächen

# Erde und Weltall
## *Antworten*

**1 b** Die Erde benötigt für einen Umlauf um die Sonne ca. 365,2422 Tage. Um den knappen Vierteltag auszugleichen, erfolgt jedes vierte Jahr ein **Schaltjahr**, d. h. der Februar ist einen Tag länger. Tatsächlich gibt es auch **Schaltsekunden**: So galt früher eine Sekunde als der 86.400. Teil des Tages. Mit der Einführung der Atomuhren wurde die Sekunde als das 9.192.631.770fache der Periodendauer der Strahlung eines Cäsiumatoms des Isotops 133Cs definiert. Um die Rotation der Erde dieser exakten Zeitmessung zu unterwerfen, wurden die Schaltsekunden eingeführt. So gibt es Minuten, die 61 Sekunden lang sind.

**2 a** Genauso wie sich der Klang einer Hupe (Schallwellen) eines vorbeifahrenden Autos verändert, so verändern sich die Lichtwellen eines sich entfernenden Sterns. Aufgrund der **Geschwindigkeit** werden Schall- bzw. Lichtwellen gestaucht bzw. gestreckt. Darum hören wir die Hupe eines vorbeifahrenden Autos zunächst höher (solange das Auto auf uns zufährt) und anschließend tiefer (sobald sich das Auto von uns entfernt). Bei einem sich entfernenden Stern werden die **Lichtwellen gestreckt**, die Farbe des Lichtes verschiebt sich in den langwelligeren, roten Bereich.

**3 a** Die Schwärme von **interplanetaren Staubpartikeln**, die sich ellipsenförmig um die Sonne bewegen und dabei unsere **Erdumlaufbahn** berühren oder gar kreuzen, heißen **Meteorströme**. Erst beim Zusammentreffen der Erde mit einem solchen Schwarm kann es zu den spektakulären Erscheinungen der Sternschnuppenschwärme und Meteorschauer kommen.

**4 b** Der **Canyon Diablo** ist einer der bekanntesten **Meteoritenkrater** der Welt. Er wurde 1891 in **Zentralarizona** in den USA entdeckt. Der Krater hat einen stattlichen Durchmesser von rund 1200 Metern und eine Tiefe von etwa 200 Metern.

**5 a** **Oasen** sind Stellen in Wüsten oder an Wüstenrändern, die sich durch Auftreten von Süßwasser und reicheren Pflanzenwuchs auszeichnen. Es sind also so genannte **grüne Inseln**. Sie werden oft intensiv bewirtschaftet, etwa durch den Anbau von Obst und Datteln.

# Erde und Weltall
## *Fragen*

**1. Zu Beginn des Winters steht die Sonne im Zeichen des ...**

   a) ... Widders
   b) ... Steinbocks
   c) ... Krebses

**2. Wie hieß die erste Stadt mit über einer Millionen Einwohnern?**

   a) Rom
   b) London
   c) New York City

**3. Wo befindet sich der San Andreas Fault?**

   a) In Kalifornien
   b) Im nordwestlichen Pazifischen Ozean
   c) Vor der Japanischen Küste

**4. Was versteht man unter einem Tsunami?**

   a) Eine Flutwelle
   b) Einen japanischen Ureinwohner
   c) Eine japanische Inselgruppe

**5. Wie nennt man den bei Vulkanausbrüchen an die Erdoberfläche kommenden Gesteinsschmelzfluss?**

   a) Löss
   b) Lava
   c) Moräne

# Erde und Weltall
## *Antworten*

**1b** Die Sonne steht am Anfang des Winters im **Tierkreiszeichen des Steinbocks**. Im **Zeichen des Widders** steht sie zu Beginn des Frühling, und im **Zeichen des Krebses** zu Beginn des Sommers.

**2a** Die Stadt **Rom** zählte bereits im Jahre 1 n. Chr. unter Kaiser Augustus über eine Million Einwohner. Derzeit leben ca. 2,6 Millionen Menschen in Rom. **London** wurde um 100 n. Chr. von den Römern gegründet. Es erreichte um 1820 eine Millionen Einwohner und zählt mit derzeit rund 7 Millionen Einwohnern zu den größten Städten der Welt. **New York City** wurde 1626 als Neu-Amsterdam gegründet. 1664 eroberten englische Kolonisten die niederländische Stadt und benannten sie in New York City um. New York City ist mit 7,3 Millionen Einwohnern nur etwas größer als London. Allerdings zählt der Ballungsraum New York, der sich inzwischen über die Staaten New York, New Jersey und Connecticut zieht, rund 19,8 Millionen Einwohner.

**3a** Der **San Andreas Fault** ist eine **tektonische Verwerfungszone** in Kalifornien. An dieser Stelle treffen die Pazifische und die Nordamerikanische Platte aufeinander. Durch die Verschiebung der Platten entstehen Gräben und Gebirge. Die Platten verschieben sich jährlich um durchschnittlich 5 Zentimeter. Bei ruckhaften Verschiebungen entstehen Erdbeben. Diese durch tektonische Verschiebung hervorgerufenen Erdbeben gelten als die stärksten Beben. So wurde San Francisco 1906 durch ein schweres Erdbeben fast vollständig zerstört.

**4a** Mit **Tsunami** bezeichnet man eine **Flutwelle**. Flutwellen haben ihren Ursprung in submarinen Erdbeben oder werden durch Vulkanausbrüche verursacht. Insbesondere küstennahe Gebiete werden durch Flutwellen bedroht. Die Tatsache, dass sich ein japanischer Begriff eingebürgert hat, kommt nicht von ungefähr: Japan wird besonders häufig von Erdbeben heimgesucht.

**5b** Den glühend heißen an die Oberfläche kommenden Strom nennt man **Lava**. Aber auch das daraus entstandene erstarrte Gestein wird Lava genannt. **Löss** ist gelbliches, kalkhaltiges, sehr fruchtbares Sediment und **Moränen** sind von Gletschern verschobener und angehäufter Schutt aus Steinen und Felsen.

# Erde und Weltall
## *Fragen*

**1. Die Ekliptik ist ...**

    a) ... ein Kreis am Himmelskörper
    b) ... ein Breitenkreis der Erde
    c) ... ein Längenkreis der Erde

**2. Von welchem Kontinent stammt die Kartoffel?**

    a) Europa
    b) Südafrika
    c) Südamerika

**3. Wo findet man den Monsun?**

    a) In den Tropen
    b) In den gemäßigten Zonen
    c) In den Polarzonen

**4. Welches Land teilte nach dem 2. Weltkrieg ein ähnliches Schicksal wie Deutschland?**

    a) Korea
    b) Tschechoslowakei
    c) Vietnam

**5. Welche Eigenschaft prägt die Landschaft Finnlands besonders?**

    a) Fjorde
    b) Seen
    c) Gebirge

# Erde und Weltall
## *Antworten*

**1a** Die Ekliptik ist ein Kreis am Himmelskörper. In ihm schneidet sich die Bahn der Erde um die Sonne mit der gedachten Himmelskugel. Die Ekliptik läuft durch den bekannten Tierkreisgürtel mit den zwölf Tierkreissternbildern Widder, Stier, Zwillinge, Krebs, Löwe, Jungfrau, Waage, Skorpion, Schütze, Steinbock, Wassermann und Fische.

**2c** Die ursprüngliche Heimat der Kartoffel ist Südamerika. Von dort wurde sie Mitte des 16. Jahrhunderts von spanischen Eroberern nach Europa gebracht. Hier wurde sie zunächst einmal als Zierpflanze angepflanzt und erst Anfang des 17. Jahrhunderts wurde ihr Nutzen als Nahrungsmittel vom europäischen Adel erkannt, der sie zur Delikatesse ernannte. Doch dauerte es nicht lange, bis sie auch in den Kochtopf der einfachen Bevölkerung Einzug fand.

**3a** Den Monsun findet man in den Tropen. Diese weiträumige Luftströmung tritt vor allem im Grenzgebiet zwischen Land und Meer auf. Er wechselt jahreszeitlich bedingt seine Richtung. Man trifft ihn vor allem in Süd- und Südostasien, wo er im Winter als kalter, trockener Nordostmonsun vom asiatischen Kontinent herausweht und im Sommer als warmer, feuchter Südwestmonsun vom Indischen Ozean landeinwärts weht.

**4a** Zum Ende des Zweiten Weltkrieges wurde der Norden Koreas von sowjetischen Truppen besetzt. Nach dem Koreakrieg (1950–53) wurde Korea geteilt. Der kommunistische Norden wurde dabei von China und Russland unterstützt. Der Süden ging ein Bündnis mit den USA ein. Die Beziehungen zwischen den Staaten wurden rigoros abgebrochen. Seit 1997 finden Friedensverhandlungen statt. Ende 2000 durften zum ersten Mal Südkoreaner Verwandte in Nordkorea besuchen.

**5b** Rund 55.000 Seen prägen das Landschaftsbild Finnlands. In der letzten Eiszeit war es mit Gletschern überzogen. Beim Rückzug der Gletscher entstanden zahlreiche Mulden, die sich mit Wasser gefüllt haben. Durch die kalten Winter gefrieren die Seen. Im Frühling kommt es daher zu vielen Überschwemmungen. Der Süden des Landes ist flach, nach Norden hin (Lappland) erstrecken sich kleinere Gebirge. Fjorde, d. h. tief einschneidende Buchten an Steilküsten, findet man in Schottland und Norwegen.

# Erde und Weltall
## *Fragen*

**1. Wo befindet sich die höchste Pyramide der Welt?**

   a) In Ägypten
   b) In Mexiko
   c) In Peru

**2. Wofür ist Nazca berühmt?**

   a) Für monumentale Zeichnungen in der Wüste
   b) Für eine Inkasiedlung
   c) Für monumentale Steinfiguren

**3. Das sagenhafte Labyrinth des Minotaurus befand sich in ...**

   a) ... Delphi
   b) ... Knossos
   c) ... Rhodos

**4. Wie heißt die vom Boden wachsende Tropfsteinsäule?**

   a) Stalagmit
   b) Megalithe
   c) Stalaktit

**5. Welcher Planet unseres Sonnensystems ist am wenigsten erforscht?**

   a) Merkur
   b) Uranus
   c) Pluto

# Erde und Weltall
## *Antworten*

**1a** In **Ägypten**. Die **Cheops-Pyramide** bei Giseh ist mit 137 (ursprünglich 147) Metern die höchste Pyramide der Welt. Sie wurde um 2500 v. Chr. fertig gestellt. Bei Giseh sind in unmittelbarer Nachbarschaft drei große Pyramiden gebaut worden. Diese monumentalen Bauten dienten als Grabstätten für die Herrscher Ägyptens. Überraschend ist insbesondere die Präzision beim Bau der Pyramide: Die Pyramide ist exakt nach dem Kompass ausgerichtet und die längste und kürzeste Seite unterscheiden sich in ihren Maßen um weniger als 20 Zentimeter.

**2a** **Nazca** ist berühmt für **monumentale Zeichnungen in der Wüste**. In der Nazca-Wüste nahe der Pazifik-Küste im südlichen **Peru** finden sich über 100 gigantische Wüstenzeichnungen: Neben Tieren und Pflanzen sind auch abstrakte Figuren wie Irrgärten abgebildet. Die enormen Ausmaße der Zeichnungen riefen wilde Spekulationen hervor, wie die Zeichnungen von Menschenhand angefertigt werden konnten. Eine bekannte These besagt, dass die Nazca mit Hilfe von Heißluftballons fliegen konnten, ihre Zeichnungen also von der Luft aus bearbeiteten.

**3b** Das sagenhafte Labyrinth des Minotaurus befand sich in **Knossos**. Knossos liegt rund vier Kilometer landeinwärts an der Nordküste **Kretas**. Auf dem Höhepunkt ihrer Macht umfasste das Reich der **Minoer** die gesamte Ägäis. Noch heute zeugen die Ruinen des Palastes von Knossos von der einstigen Großmacht.

**4a** Die vom Boden nach oben wachsende Tropfsteinsäule heißt **Stalagmit**. Eine von der Höhlendecke nach unten wachsende Tropfsteinsäule wird Stalaktit genannt. Ein Megalithe ist ein roh beschlagener Felsblock in vorgeschichtlichen Kultanlagen, wie z. B. Stonehenge.

**5c** Der **Pluto** wurde bisher von keiner Sonde erforscht. Zwar haben die Sonden **Pioneer 10, 11** und **Voyager 1, 2** bereits unser Sonnensystem verlassen, auf ihrer Reise konnten sie Pluto jedoch nicht besuchen. Im Jahr 2004 ist der erste unbemannte Flug zum Pluto geplant. Der so genannte **Pluto-Express** wird 12 Jahre für die Reise brauchen. Die **Mariner-10-Sonde** hat bereits 1974 den Merkur fotografiert; das **Voyager-Programm** nutzte die günstige Konstellation von Jupiter, Saturn, Uranus und Neptun zur Erforschung dieser Planeten.

# Erde und Weltall
## *Register*

Abendrot 62
Aberration 94
Adam's Peak 106
Adlernebel 26
Afrika, höchster Berg 108
Agglomeration 76
Alaska 64
Aldrin, Edwin 4, 64, 94
Alpha Centauri 16
Alpha Centauri A 16
Alpha Centauri B 16
Amazonas 92
Amundsen, Roald 106
Anderson, William 38
Andorra 106
Andromeda 74
Andromedanebel 62, 74, 82
Antarktika 104
Antarktis 38, 104
Aphel 26, 92
Aphrodite 108
Apollo 17 94
Äquator 64
Äquinoktialpunkte 92
Äquinoktium 84
Aranjuez 98
Archimedes 96
Ariane 42
arides Klima 24
Ariel 96
Aristarch 10, 14
Aristoteles 46
Arktis 38
Ärmelkanal 102
Armstrong, Neil 4, 64, 94
Arndt, Ernst Moritz 100
Asien 98
Asteroid 66
Asthenosphäre 58
Astronomische Einheit (AE) 22
Atlas 110
Atmosphäre 90, 102, 108
Ätna 78

Baikalsee 40
Ballon 12
Barnard, Edward Emerson 6, 54
Barnards-Stern 54
Bebe, William 38
Behaim, Martin 38
Beirut 12
Benz, Carl Friedrich 8
Bering Straße 74
Bianca 96
Bodenerosion 18
Bodenschatz 114
borealer Nadelwaldgürtel 16
Bosporus 10
Bradley, James 94
Brahe, Tycho 58, 70
Brasilien 54
Braun, Karl Ferdinand 8
Braun, Wernher von 8
Breitenkreise 34
Buddha 106

Caesar, Gaius Julius 4
Canyon Diabolo 116
Cassini, Giovanni Domenico 16, 86, 88
Cassini, Saturnmission 22
Cassinische Teilung 16, 88
Cepheiden 70, 94
Cheops-Pyramide 122
China 52
Chinesische Mauer 80
Collins, Mike 4
Colorado River 82
Columbia 4, 96
Cook, James 106
Cotopaxi 78
Cuxhaven 4

Deich 32
Deimos 4, 44, 54
Desertifikation 18
Donau 12, 98

123

# Erde und Weltall
## *Register*

Düne 42
Dunkelnebel 72

Eiszeit 72
Ekliptik 80, 92, 120
Ekliptiksternbilder 80
elliptische Planetenbahnen 66, 68
Emissionsnebel 26, 72
Eratosthenes 12
Erdalter 32
Erdbeben 40
Erdbevölkerung 52
Erddurchmesser 68
Erde, Drehgeschwindigkeit 92
Erde, höchster Berg 76
Erde, Magnetfeld 86
Erdgeschwindigkeit 56, 92
Erdneigung 86
Erdoberfläche 16
Erdrotation 18, 110
Erdschichten 96
Erdumfang 12
ESA 28, 106
Euphrat 46
Europa, Jupitermond 6
Europabrücke 70
European Southern Observatory (ESO) 30
Euro-Tunnel 52, 112
Explorer 1 88

Fabricius, Johann 44
Feng Shui 44
Finnland 120
Fjord, längster der Welt 88
Flutwelle 118
Fraunhofer, Joseph von 48
Fraunhofer-Linien 48
Fudschijama 70

Gagarin, Juri Alexejewitsch 8
Galaxie 84
Galileo Galilei 6, 32, 58, 66

Galileo, Jupitermission 22
Genfer See 104
Geographische Länge 48
Georges Stern 30
Geozentrisches Weltsystem 36, 56, 78
Gesetze der Planetenbewegung 16, 68
Gewitter 42
Geysire 112
Gezeiten 60
Giseh 122
Glenn, John 8
Gletscher 38
Global Positioning System 104
Globus 110
Golfstrom 84
GPS 104
Grand Canyon 82
Gravitationskraft 64, 106
Gravitationstheorie 16
Great Plains 98
Gregor XIII., Papst 4
Großer Bär 34, 38, 40
Großer Kaukasus 10
Großer Wagen 20, 34
Großvenediger 72
Grundwasser 36
Günzeiszeit 72

Habeler, Peter 56
Hale-Bopp 72
Hall, Asaph 6, 54
Halley, Edmond 62, 72
Halleyscher Komet 62, 72
Halligen 36
Halo 28
Ham 74
Helios A und B 30
Heliozentrisches Weltsystem 36, 56, 78
Helium 102
Herculaneum 74

# Erde und Weltall
## *Register*

Herschel, William  30, 48, 96
Hevelius, Johannes  44
High presision parallaxe collecting satellite  28
Hillary, Edmund  56
Himalaja  30, 76
Hipparch  14
Hipparcos  28
Höhlen, größte der Erde  22
Hook, Robert  86
Hubble Deep Field  106
Hubble, Edwin  76
Hubble-Konstante  76
Hubble-Weltraumteleskop  106
Hurrikan  50

Indien  52
International Space Station  34
interplanetare Staubpartikel  116
Io  100
ISS  26, 34
Istanbul  10

Jahreszeiten  86
Jangtsekiang  92
Janssen, Pierre Jules César  100
Jetstream  38
Jupiter  20, 56, 66, 86, 90
Jupitermond  6, 100

K2  76
Kaffee  68
Kaiserstuhl  70
Kalender  4
Kallisto  40
kaltgemäßigte Klimazone  16
Kanada  4
Kangchendzönga  76
Kap Blanc  4
Kap der Guten Hoffnung  4, 82
Kap Hoorn  4
Kap Verde  82
Karst  18

Kartoffel  120
Kaspisches Meer  114
Kepler, Johannes  16, 56, 66, 68
Kilimandscharo  108
Kleiner Bär  38
Kleiner Wagen  20
Knossos  122
Koala-Bär  60
Kometen  78
Kompass  110
Kondensstreifen  38
Kontinentalklima  48
Kopernikanisches Weltsystem  10, 14, 32, 36, 66
Kopernikus, Nikolaus  10, 32, 36, 56, 66
Koreakrieg  120
Korsika  104
Kreta  48
Krim  42
Ku'damm  44

Laika  74
Lambert, Raymond  56
Längenkreise  34
Lassel, William  96
Latifundien  32
Lava  118
Libration  50, 104
Lichtgeschwindigkeit  20
Lichtjahr  20
Lichttag  20
Liechtenstein  26, 102
Lindberg, Charles  28
Lithosphäre  58
Loewy, Moritz  100
Loire  32
Lokale Gruppe  74
Luna 2  112

Maar  22
Machu Piccu  16
Magallanes, Fernando de  82

# Erde und Weltall
## *Register*

Magellansche Wolke  62, 74, 82, 84
Marianengraben  8, 38
Mariner  30
Mariner 10  22, 122
Mars  62, 86
Marsch  44
Mars-Jahr  110
Marsmonde  6, 44, 54
Mediterran  46
Meer der Ruhe  64
Mekka  14
Meridiane  34
Merkur  62, 90, 110
Mesopotamien  46
Messner, Reinhold  56
Meteor  56, 70
Meteorit  76, 84
Meteoritenkrater  116
Meteorströme  116
Milchstraße  60, 74, 82
Milchstraßensystem  62
Minotaurus  122
MIR  26
Mississippi  92
Mittelmeerklima  48, 108
Monaco  20
Mond  6, 34, 36, 104
Mondfinsternis  52
Mondkrater  44
Mondmission  112
Monsun  22, 120
Montblanc  6
Monte Carlo  20
Monte Vaticano  68
Mont-Saint-Michel  50
Moräne  64
Mount Everest  56, 76

Nadelkap  82
NASA  76, 106
National Aeronautics and Space Administration  76
Nautilus  38

Nazca  122
Neptun  10, 86, 90
Neutrinos  40
New Orleans  100
Newgrange  114
Newton, Isaac  16
Niagarafälle  68
Nigeria  28
Nil  92
Nordamerika, Klimata  34
Nördlicher Wendekreis  6, 34, 52, 84, 86
Nördlinger Ries  76
Norgay, Tensing  56
Norwegen  102
Nullmeridian  48

Oasen  116
Ökosystem  80
Olbers, Heinrich  94
Olberssches Paradoxon  94
Oortsche Wolke  78
Osterinseln  54
Ozeane  80
Ozonloch  78

Panamakanal  102
Pandora  44
Parallelkreise  34
Passate  46
Pathfinder  30, 86
Perihel  26, 92
Petronas-Gebäude  24
Philippinen  90
Phobos  4, 44, 54
Phobos 2, Marsmission  22
Phoebe  4, 44
Photosphäre  114
Piccard, Auguste  38
Pickering, William Henry  6
Pinguin  50
Pioneer 11  54
Planet  78

# Erde und Weltall
## *Register*

Planet X  60
Plejaden  92
Pluto  10, 22, 60, 62, 66, 110, 122
Polare Zone  22
Polarkreise  84, 90
Polarlichter  70, 98
Polarstern  16, 20
Polartag  80
Polo, Marco  14
Pompeji  74
Popocatepetl  78
Prometheus  44
Proxima Centauri  16
Ptolemäisches Weltsystem  36
Ptolemäus, Claudius  32, 36
Puck  96
Puerto-Rico-Graben  8
Puiseux, Pierre Henri  100
Pyramide, höchste der Welt  122
Pyramiden von Giseh  18, 122
Pyrenäen  10, 106
Pythagoras  46

Reflexionsnebel  72
Regenbogen  30
Rhein  100
Rhône  98
Riccioli, Giovanni Batista  44, 58
Riesen  14, 82, 94
Riesenmammutbäume  20
Rio de Janeiro  46
Rißeiszeit  72
Rom  118
Rotation  50
Rotationsperiode  96
Rote Liste  66
Rotverschiebung  116

Saljut-7  26
San Andreas Fault  118
San Marino  14, 26
Satelliten  88
Saturn  24, 54, 56, 86, 90

Saturnmonde  6, 44, 88
Saurer Regen  50
Schaltjahr  116
Schliemann, Heinrich  88
Schmitt, Harrison  94
Schneeklima  52
Schouten, W. C.  4
Schröter, Johann Hieronymus  48
Schwarzes Loch  64
Schwarzes Meer  108
Scoresbysund  88
Scott, Robert F.  106
Sears Tower  24
See, größter der Welt  114
Seidenstraße  66
Seikantunnel  52
Shoemaker-Levy 9  20
Siderische Umlaufzeit  18
Sieben Weltwunder  18
Siebengestirn  92
Singapur  114
Sirius  16
Skylab  110
Sojourner  86
Sonne  60, 102
Sonne, Alter  24
Sonnenfinsternis  8, 114
Sonnenflecken  10
Sonnenprotuberanzen  100
Sonnenwind  86, 98
Space Shuttle  96
Sphinx von Giseh  92
Sputnik 1  8, 88
Sri Lanka  106
Stalagmit  122
Sternbild  112
Sternbild des Drachens  20
Sternbilder  74
Sterne  40
Sterne, Temperatur  26
Sternschnuppe  56
Sternwarte  114
Straße von Magellan  82

# Erde und Weltall
## *Register*

Stratosphäre  58
Stratosphärenballon  12
Subpolare Zone  22
Subtropen  94
Sudan  28
Südlicher Wendekreis  6, 34, 52, 84, 86
Sueskanal  48, 102
Sundagraben  8
Supernova  12
Surveyor  86
Swing-by-Technik  22

Tagundnachtgleiche  84, 112
Taifun  50
Tal der Könige  100
Tal des Todes  100
Tal von Vilcabamba  100
tektonische Verwerfungszone  118
Tempel-Swift Komet  72
Tereschkowa-Nikolajewa, Valentina W.  24
Thales von Milet  14, 46
Thor-Able 1  112
Tierkreisgürtel  80, 120
Tierkreislicht  112
Tigris  46
Tokio  36
Tolstaja, Tatjana  24
Tombaugh, Clyde  10, 60
Tonplättchenkarten  110
Transsibirische Eisenbahn  28
Treibhauseffekt  90
Troja  88
Tropen  120
Tropfsteinsäule  122
Tropischer Regenwald  54
Tropisches Regenwaldklima  34
Troyanos, Tatjana  24
Tschechische Republik  108
Tsunami  118
Tube  90

Tundra  22, 62
Turm zu Babel  18

Ural  10
Uranus  30, 56, 66
Uranusmonde  96

Van Allen, J. A.  42
Van-Allen-Gürtel  42
Vatikanstadt  26, 68
Venedig  58
Venus  62, 90
Venus, Sonde  30
Vesuv  74
Viking  30
Voyager 1  24, 86, 100, 122
Voyager 2  86, 122
Vulkan  70, 78
Vulkanausbruch  118

Weltraumlabor  110
Weltumseglung  106
Wendekreis des Krebses  6
Wendekreis des Steinbocks  6
Wendekreise  90
Winteranfang  118
Wirbelstürme  50
Wolga  98
Wolken  40
World Wide Fund for Nature  60
Wostok 1  88
Wostok 6  24
Würmeiszeit  72
WWF  60

Zeitdilatation  8
Zenit  52
Zodiakallicht  112
Zuckerhut  46
Zwerge  14, 82
Zyklon  50
Zypern  72, 108